科学。奥妙无穷▶

DNA 指令

DNAZHILING

中国出版集团
现代出版社

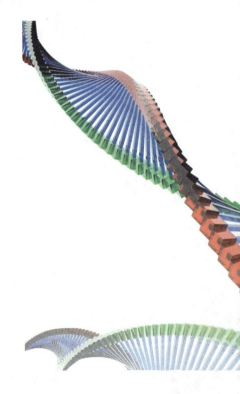

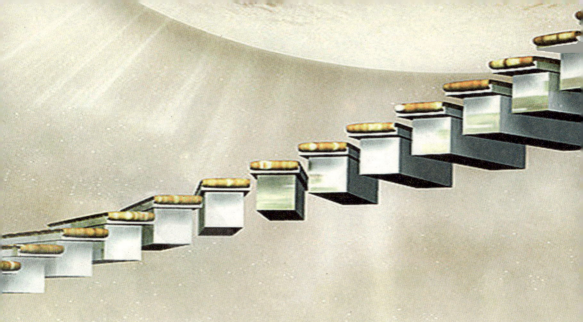

目

录

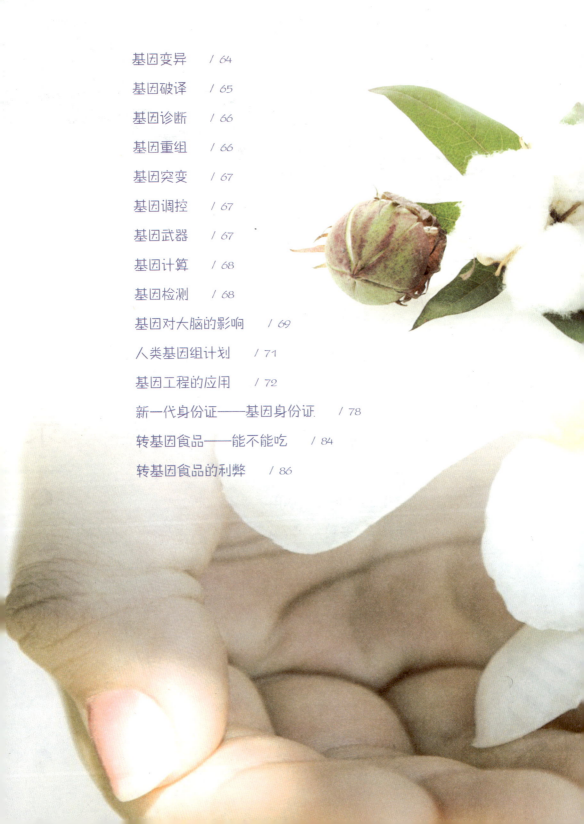

目录

● DNA 是什么

在现代生活中，DNA是一个常被提及却又虚无缥缈的词汇，虽然它决定了我们的体貌特征，甚至脾气秉性，但对于大部分普通人而言，它与我们的日常生活并无太多直接的关联。一直以来，很多人认为DNA、基因工程只是科学工作者才会研究的事物，与自己的生活没有多大关系。然而，这样的想法正悄然发生着变化，越来越多的人意识到DNA实实在在地存在于每个人身上，它与我们的生活息息相关，今天就让我们一起走进DNA的世界，一起去探索DNA的秘密吧！

脱氧核糖核酸（英语Deoxyribonucleic acid，缩写为DNA）又称去氧核糖核酸，是一种分子，可组成遗传指令，以引导生物发育与生命功能运作。主要功能是长期性的资讯储存，可比喻为"蓝图"或"食谱"。其中包含的指令是建构细胞内其他化合物，如蛋白质与RNA所需。带有遗传信息的DNA片段称为基因，其他DNA序列，有些直接以自身构造发挥作用，有些则参与调控遗传信息的表现。

DNA是一种长链聚合物，组成单位称为脱氧核苷酸（即 A-腺嘌呤、G-鸟嘌呤、C-胞嘧啶、T-胸腺嘧啶），而糖类与磷酸分子借由酯键相连，组成其长链骨架。每个糖分子都与4种碱基里的一种相接，这些碱基沿着DNA长链所排列而成的序列，可组成遗传密码，是蛋白质氨基酸序列合成的依据。读取密码的过程称为转录，是以DNA双链中的一条为模板复制出一段称为RNA的核酸分子。多数RNA带有合成蛋白质的信息，另有一些本身就拥有特殊功能，例如rRNA、snRNA与siRNA。

在细胞内，DNA能组织成染色体结构，整组染色体则统称为基因组。染色体在细胞分裂之前会先行复制，此过程称为DNA复制。对真核生物，如动物、植物及真菌而言，染色体是存放于细胞核内；对于原核生物而言，如细菌，则是存放在细胞质中的类核里。染色体上的染色质蛋白，如组织蛋白，能够将DNA组织并压缩，以帮助DNA与其他蛋白质进行交互作用，进而调节基因的转录。

6

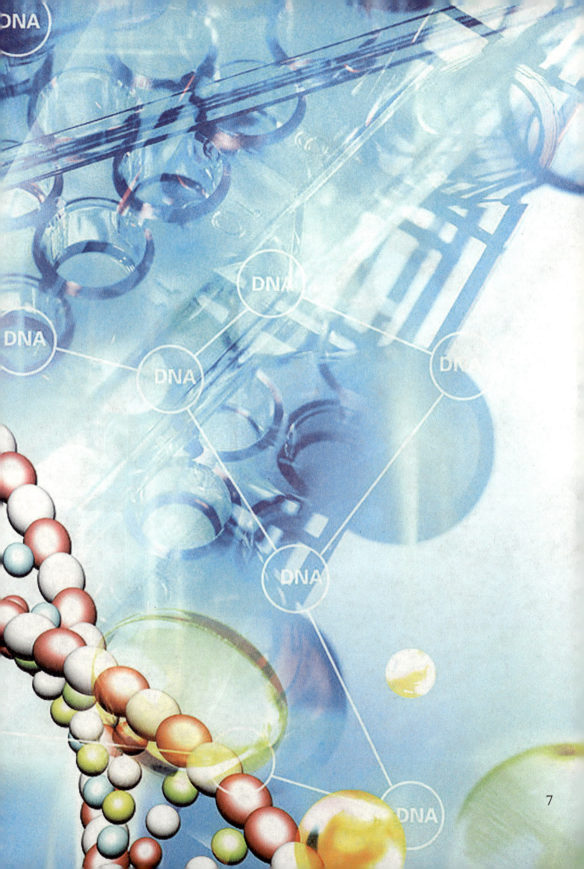

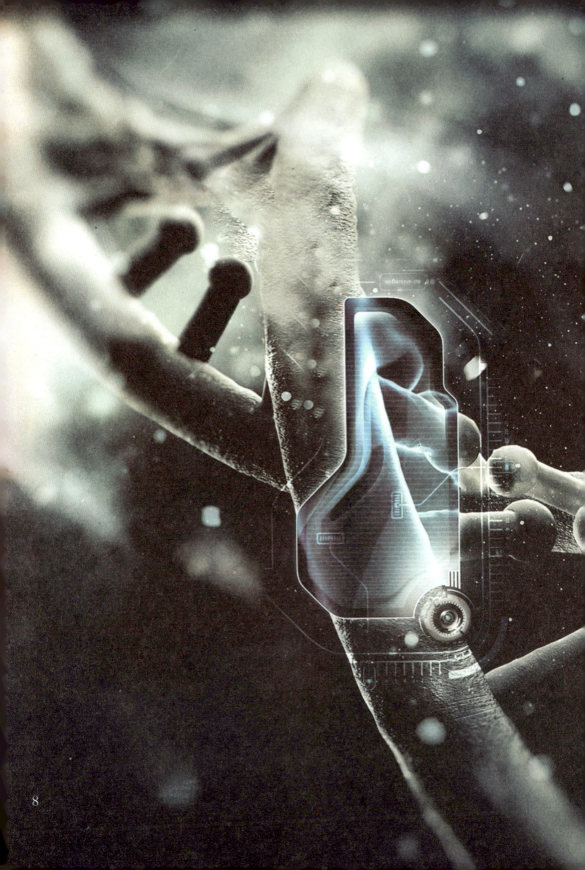

DNA的物理性质 >

DNA是大分子高分子聚合物，DNA溶液为高分子溶液，具有很高的黏度，可被甲基绿染成绿色。DNA对紫外线有吸收作用，当核酸变性时，吸光值升高；当变性核酸复性时，吸光值又会恢复到原来水平。温度、有机溶剂、酸碱度、尿素、酰胺等试剂都可以引起DNA分子变性，即使得DNA双键间的氢键断裂，双螺旋结构解开。

DNA的分子结构 >

DNA是由许多脱氧核苷酸残基按一定顺序彼此用3', 5'-磷酸二酯键相连构成的长链。大多数DNA含有两条这样

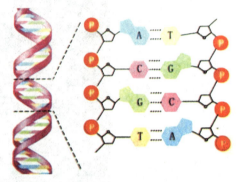

的长链，也有的DNA为单链，如大肠杆菌噬菌体φX174、G4、M13等。有的DNA为环形，有的DNA为线形。在某些类型的DNA中，5-甲基胞嘧啶可在一定限度内取代胞嘧啶在某些噬菌体中，5-羟甲基胞嘧啶取代了胞嘧啶。20世纪40年代后期，查加夫（E.Chargaff）发现不同物种DNA的碱基组成不同，但其中的腺嘌呤数等

于其胸腺嘧啶数（A=T），鸟嘌呤数等于胞嘧啶数（G=C），因而嘌呤数之和等于嘧啶数之和。一般用几个层次描绘DNA的结构。

一级结构：是指构成核酸的4种基本组成单位——脱氧核糖核苷酸（核苷酸），通过3', 5'—磷酸二酯键彼此连接起来的线形多聚体，以及起基本单位——脱氧核糖核苷酸的排列顺序。

每一种脱氧核糖核苷酸由3个部分组成：一分子含氮碱基+一分子五碳糖（脱氧核糖）+一分子磷酸根。核酸的含

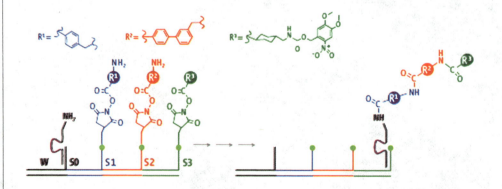

氮碱基又可分为4类：腺嘌呤（adenine，缩写为A），胸腺嘧啶（thymine，缩写为T），胞嘧啶（cytosine，缩写为C）和鸟嘌呤（guanine，缩写为G）。DNA的4种含氮碱基组成具有物种特异性。即4种含氮碱基的比例在同物种不同个体间是一致的，但在不同物种间则有差异。DNA的4种含氮碱基比例具有奇特的规律性，每一种生物体DNA中A=T、C=G，这也被称为查哥夫（Chargaff）法则（即碱基互补配对原则）。

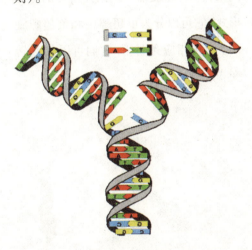

二级结构：是指两条脱氧多核苷酸链反向平行盘绕所形成的双螺旋结构。DNA的二级结构分为两大类：一类是右手螺旋，如A-DNA、B-DNA、C-DNA、D-DNA等；另一类是左手双螺旋，如Z-DNA。詹姆斯·沃森与佛朗西斯·克里

克所发现的双螺旋，是称为B型的水结合型DNA，在细胞中最为常见。也有的DNA为单链，一般见于原核生物，如大肠杆菌噬菌体φX174、G4、M13等。有的DNA为

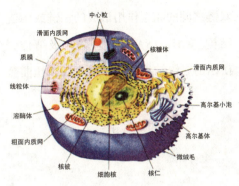

环形，有的DNA为线形。在碱A与T之间可以形成两个氢键，G与C之间可以形成3个氢键，使两条多聚脱氧核苷酸形成互补的双链，由于组成碱基对的两个碱基的分布不在一个平面上，氢键使碱基对沿长轴旋转一定角度，使碱基的形状像螺旋桨叶片的样子，整个DNA分子形成双螺旋盘绕状。碱基对之间的距离是0.34nm，10个碱基对转一周，故旋转一周

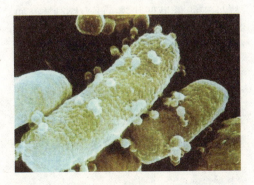

（螺距）是3.4nm，这是B-DNA的结构，在生物体内自然生成的DNA几乎都是以B-DNA结构存在。

三级结构：是指DNA中单链与双链、双链之间的相互作用形成的三链或四链结构。如H-DNA或R-环等三级结构。DNA的三级结构是指DNA进一步扭曲盘

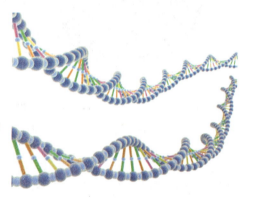

绕所形成的特定空间结构，也称为超螺旋结构。DNA的超螺旋结构可分为正、负超螺旋两大类，并可互相转变。超螺旋是克服张力而形成的。当DNA双螺旋分子在溶液中以一定构象自由存在时，双螺旋处于能量最低状态，此为松弛态。如果使这种正常的DNA分子额外地多转几圈或少转几圈，就是双螺旋产生张力，如果DNA分子两端是开放的，这种张力可通过链的转动而释放出来，DNA就恢复到正常的双螺旋状态。但如果DNA分子

两端是固定的，或者是环状分子，这种张力就不能通过链的旋转释放掉，只能使DNA分子本身发生扭曲，以此抵消张力，这就形成超螺旋，是双螺旋的螺旋。

四级结构：核酸以反式作用存在（如核糖体、剪接体），这可看作是核酸的四级水平的结构。

拓扑结构也是DNA存在的一种形式。DNA的拓扑结构是指在DNA双螺旋的基础上，进一步扭曲所形成的特定空间结构。超螺旋结构是拓扑结构的主要形式，它可以分为正超螺旋和负超螺旋两类，在相应条件下，它们可以相互转变。

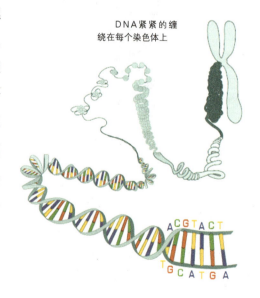

DNA紧紧的缠绕在每个染色体上

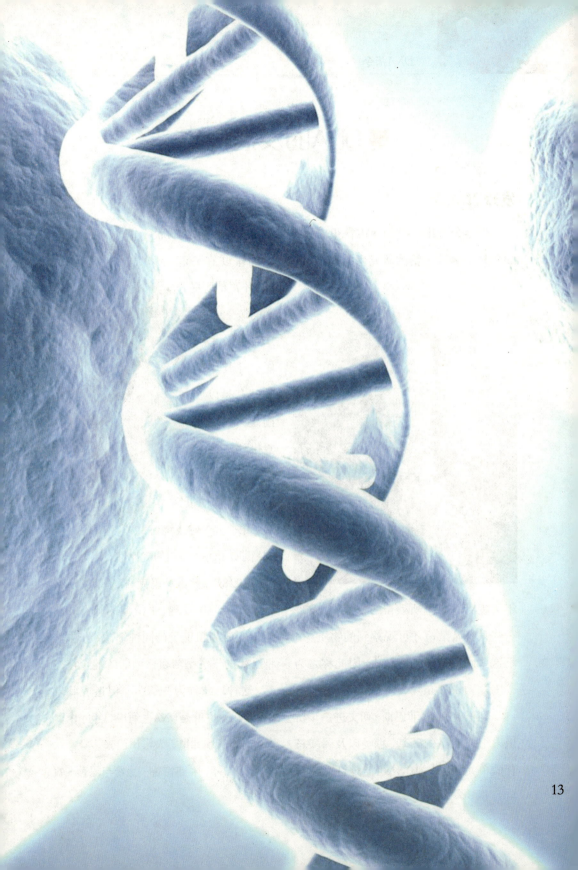

● DNA的发展历史

发现DNA 〉

最早分离出DNA的弗雷德里希·米歇尔是一名瑞士籍的研究生，他在1869

年从废弃绷带里所残留的脓液中，发现一些只有显微镜才可观察到的物质。由于这些物质位于细胞核中，因此称之为"核素"（nuclein）。

到了1919年，菲巴斯·列文进一步辨识出组成DNA的碱基、糖类以及磷酸核苷酸单元，他认为DNA可能是许多核苷

酸经由磷酸基团的联结而串联在一起的。不过他所提出的概念中，DNA长链较短，且其中的碱基是以固定顺序重复排列。

1937年，威廉·阿斯特伯里完成了第一张X射线绕射图，阐明了DNA结构的规律性。

1928年，弗雷德里克·格里菲斯从格里菲斯实验中发现，平滑型的肺炎球菌能转变成为粗糙型的同种细菌，方法是将已死的平滑型与粗糙型活体混合在一起，这种现象称为"转型"。但造成此现象的因子，也就是DNA直到1943年才由奥斯瓦尔德·埃弗里等人辨识出来。

1952年，阿弗雷德·赫希与玛莎·蔡

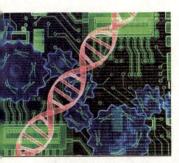

斯确认了DNA的遗传功能，他们在赫希-蔡斯实验中发现，DNA是T2噬菌体的遗传物质。

到了1953年，当时在卡文迪许实验室的詹姆斯·沃森与佛朗西斯·克里克，依据伦敦国王学院的罗莎琳·富兰克林所拍摄的X射线绕射图及相关资料，提出了最早的DNA结构精确模型，并发表于《自然》期刊。5篇关于此模型的实验证据论文，也同时以同一主题发表于《自然》。其中包括富兰克林与雷蒙·葛斯林的论文，此文所附带的X射线绕射图，是沃森与克里克阐明DNA结构的关键证据。此外莫里斯·威尔金斯团队也是同期论文的发表者之一。富兰克林与葛斯林随后又提出了A型与B型DNA双螺旋结构之间的差异。1962年，沃森、克里克以及威尔金斯共同获得了诺贝尔生理学或医学奖。剑桥大学里有一面纪念克里克与DNA结构的彩绘窗。

克里克在1957年的一场演说中，提出了分子生物学的中心法则，预测了DNA、RNA以及蛋白质之间的关系，并阐述了"转接子假说"（即后来的tRNA）。1958年，马修·梅瑟生与富兰克林·史达在梅瑟生-史达实验中，确认了DNA的复制机制。后来克里克团队的研究显示，遗传密码是由3个碱基以不重复的方式组成，称为密码子。这些密码子所构成的遗传密码，最后是由哈尔·葛宾·科拉纳、罗伯特·W·霍利以及马歇尔·沃伦·尼伦伯格解出。为了测出所有人类的DNA序列，人类基因组计划于20世纪90年代展开。到了2001年，多国合作的国际团队与私人企业塞雷拉基因组公司，分别将人类基因组序列草图发表于《自然》与《科学》两份期刊。

遗传因子是不是一种物质实体？为了解决基因是什么的问题，人们开始了对核酸和蛋白质的研究。

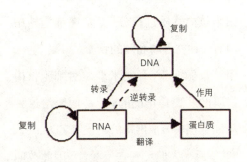

分子生物学中心法则

核酸和蛋白质的研究 ＞

早在1868年，人们就已经发现了核酸。在德国化学家霍佩·赛勒的实验室里，有一个瑞士籍的研究生名叫米歇尔（1844—1895），他对实验室附近的一家

医院扔出的带脓血的绷带很感兴趣，因为他知道脓血是那些为了保卫人体健康，与病菌"作战"而战死的白细胞和被杀死的人体细胞的"遗体"。于是他细心地把绷带上的脓血收集起来，并用胃蛋白酶进行分解，结果发现细胞遗体的大部分被分解了，但对细胞核不起作用。他进一步对细胞核内物质进行分析，发现细胞核中含有一种富含磷和氮的物质。霍佩·赛勒用酵母做实验，证明米歇尔对细胞核内物质的发现是正确的。于是他便给这种从细胞核中分离出来的物质取名为"核素"，后来人们发现它呈酸性，因此改叫"核酸"。从此人们对核酸进行了一系列卓有成效的研究。

20世纪初，德国科赛尔（1853—1927）与他的两个学生琼斯（1865—1935）与列文（1869—1940）的研究，弄清了核酸的基本化学结构，认为它是由许多核苷酸组成的大分子。核苷酸是由碱基、核糖和磷酸构成的。其中碱基有4种（腺嘌呤、鸟嘌呤、胸腺嘧啶和胞嘧啶），核糖有两种（核糖、脱氧核糖），因此把核酸分为核糖核酸（RNA）和脱氧核糖核酸（DNA）。

列文急于发表他的研究成果，错误地认为4种碱基在核酸中的量是相等的，从而推导出核酸的基本结构是由4个含不同碱基的核苷酸连接成的四核苷酸，

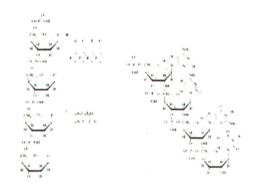

以此为基础聚合成核酸，提出了"四核苷酸假说"。这个错误的假说，对认识复杂的核酸结构起了相当大的阻碍作用，也在

一定程度上影响了人们对核酸功能的认识。人们认为，虽然核酸存在于重要的结构——细胞核中，但它的结构太简单，很难设想它能在遗传过程中起什么作用。

蛋白质的发现比核酸早30年，发展迅速。进入20世纪时，组成蛋白质的20种氨基酸中已有12种被发现，到1940年则全部被发现。

1902年，德国化学家费歇尔提出氨基酸之间以肽链相连接而形成蛋白质的理论，1917年他合成了由15个甘氨酸和3个亮氨酸组成的18个肽的长链。于是，有的科学家设想，很可能是蛋白质在遗传中起主要作用。如果核酸参与遗传作用，也必然是与蛋白质连在一起的核蛋白在起作用。因此，那时生物界普遍倾向于认为蛋白质是遗传信息的载体。

1928年，美国科学家格里菲斯（1877—1941）用一种有荚膜、毒性强的和一种无荚膜、毒性弱的肺炎双球菌对老鼠做实验。他把有荚病菌用高温杀死后与无荚的活病菌一起注入老鼠体内，结果他发现老鼠很快发病死亡，同时他从老鼠的血液中分离出了活的有荚病菌。这说明无荚菌竟从死的有荚菌中获得了什么物质，使无荚菌转化为有荚菌。这种假设是否正确呢？格里菲斯又在试管中做实验，发现把死了的有荚菌与活的无荚菌同时放在试管中培养，无荚菌全部变成了有荚菌，并发现使无荚菌长出蛋白质荚的就是已死的有荚菌壳中遗留的核酸（因为在加热中，荚中的核酸并没有被破坏）。格里菲斯称该核酸为"转

17

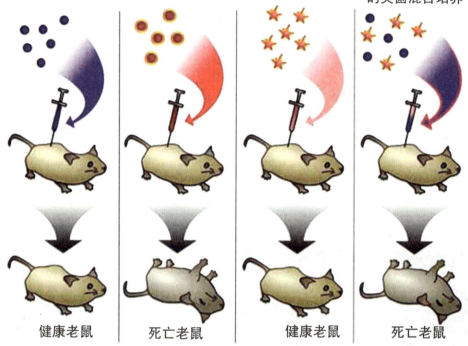

无荚菌株（无毒）　有荚菌株（有毒）　高温杀死的有荚菌　无荚菌和高温杀死的荚菌混合培养

健康老鼠　　　死亡老鼠　　　健康老鼠　　　死亡老鼠

化因子"。

1944年，美国细菌学家艾弗里（1877—1955）从有荚菌中分离得到活性的"转化因子"，并对这种物质做了检验蛋白质是否存在的实验，结果为阴性，并证明"转化因子"是DNA。但这个发现没有得到广泛的承认，人们怀疑当时的技术不能除净蛋白质，残留的蛋白质起到转化的作用。

美籍德国科学家德尔布吕克（1906—1981）的噬菌体小组对艾弗里的发现坚信不移。因为他们在电子显微镜下观察到了噬菌体的形态和进入大肠杆菌的生长过程。噬菌体是以细菌细胞为寄主的一种病毒，个体微小，只有用电子显微镜才能看到它。它像一个小蝌蚪，外部是由蛋白质组成的头膜和尾鞘，头的内部含有DNA，尾鞘上有尾丝、基片和小钩。当噬菌体浸染大肠杆菌时，先把尾部末端扎在细菌

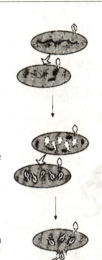

1

2

3

● 细菌细胞　◉ 蛋白质外壳
◠ 细菌DNA　◊ 噬菌体DNA
◓ 噬菌体

的细胞膜上，然后将它体内的DNA全部注入到细菌细胞中去，蛋白质空壳仍留在细菌细胞外面，再没有起什么作用了。进入细菌细胞后的噬菌体DNA，就利用细菌内的物质迅速合成噬菌体的DNA和蛋白质，从而复制出许多与原噬菌体大小形状一模一样的新噬菌体，直到细菌被彻底解体，这些噬菌体才离开死了的细菌，再去浸染其他细菌。

1952年，噬菌体小组主要成员赫希（1908—）和他的学生蔡斯用先进的同位素标记技术，做噬菌体浸染大肠杆菌的实验。他把大肠杆菌 T2 噬菌体的核酸标记上 ^{32}P，蛋白质外壳标记上 ^{35}S。先用标记了的 T2 噬菌体感染大肠杆菌，然后加以分离，结果噬菌体将带 ^{35}S 标记的空壳留在大肠杆菌外面，只有噬菌体内部带有 ^{32}P 标记的核酸全部注入大肠杆菌，并在大肠杆菌内成功地进行噬菌体的繁殖。这个实验证明DNA有传递遗传信息的功能，而蛋白质则是由 DNA 的指令合成的。这一结果立即为学术界所接受。

几乎与此同时，奥地利生物化学家查加夫（1905—）对核酸中的4种碱基的含量的重新测定取得了成果。在艾弗里工作的影响下，他认为如果不同的生物种是由于DNA的不同，则DNA的结构必定十分复杂，否则难以适应生物界的多样性。因此，他对列文的"四核苷酸假说"产生了怀疑。在1948—1952年4年时间内，他利用了比列文时代更精确的纸层析法分离4种碱基，用紫外线吸收光谱做定量分析，经过多次反复实验，终于得出了不同于列文的结果。实验结果表明，在DNA大分子中嘌呤和嘧啶的总分子数量相等，其中腺嘌呤A与胸腺嘧啶T数量相等，鸟嘌呤G与胞嘧啶C数量相等。说明DNA分子中的碱基A与T、G与C是配对存在的，从而否定了"四核苷酸假说"，并为探索DNA分子结构提供了重要的线索和依据。

DNA的发展 〉

1953年4月25日，英国的《自然》杂志刊登了美国的沃森和英国的克里克在英国剑桥大学合作的研究成果：DNA双螺旋结构的分子模型，这一成果后来被誉为20世纪以来生物学方面最伟大的发现，标志着分子生物学的诞生。

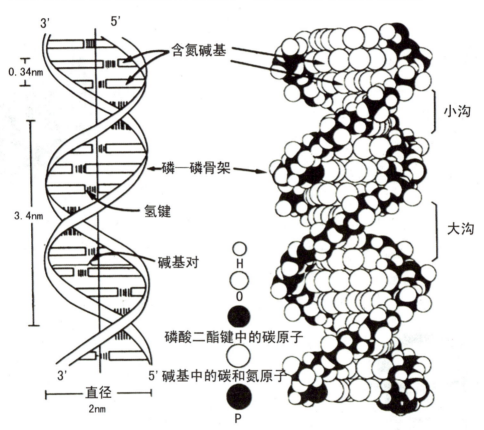

20世纪30年代后期，瑞典的科学家们就证明DNA是不对称的。第二次世界大战后，用电子显微镜测定出DNA分子的直径约为2nm。

DNA双螺旋结构被发现后，极大地震动了学术界，启发了人们的思想。从此，人们立即以遗传学为中心开展了大量的分子生物学的研究。首先是围绕着4种碱基怎样排列组合进行编码才能表达出20种氨基酸为中心开展实验研究。1967年，遗传密码全部被破解，基因从而在DNA分子水平上得出新的概念。它表明：基因实际上就是DNA大分子中的一个片段，是控制生物性状的遗传物质的功能单位和结构单位。在这个单位片段上的许多核苷酸不是任意排列的，而是以有含意的密码顺序排列的。一定结构的DNA，可以控制合成相应结构的蛋白质。蛋白质是组成生物体的重要成分，生物体的性状主要是通过蛋白质来体现的。因此，基因对性状的控制是通过DNA控制蛋白质的合成来实现的。在此基础上相继产生了基因工程、酶工程、发酵工程、蛋白质工程等，这些生物技术的发展必将使人们利用生物规律造福于人类。现代生物学的发展，愈来愈显示出它将要上升为带头学科的趋势。

● DNA的延续性——遗传

遗传：生物的亲代能产生与自己相似的后代的现象叫作遗传。遗传物质的基础是脱氧核糖核酸（DNA），亲代将自己的遗传物质DNA传递给子代，而且遗传的性状和物种保持相对的稳定性。生命之所以能够一代一代地延续的原因，主要是由于遗传物质在生物进程之中得以代代相承，从而使后代具有与前代相近的性状。

只是，亲代与子代之间、子代的个体之间，是绝对不会完全相同的，也就是说，总是或多或少地存在着差异，这种现象叫变异。

遗传是指亲子间的相似性，变异是指亲子间和子代个体间的差异。生物的遗传和变异是通过生殖和发育而实现的。

遗传与变异的奥秘 ＞

遗传从现象来看是亲子代之间的相似的现象，即俗语所说的"种瓜得瓜，种豆得豆"。它的实质是生物按照亲代的发育途径和方式，从环境中获取物质，产生和亲代相似的复本。遗传是相对稳定的，生物不轻易改变从亲代继承的发育途径和方式。因此，亲代的外貌、行为习性，以及优良性状可以在子代重现，甚至酷似亲代。而亲代的缺陷和遗传病，同样可以传递给子代。

遗传是一切生物的基本属性，它使生物界保持相对稳定，使人类可以识别包括自己在内的生物界。

变异是指亲子代之间，同胞兄弟姐妹之间，以及同种个体之间的差异现象。俗语说"一母生九子，九子各不同"。世界上没有两个绝对相同的个体，包括孪生同胞在内，这充分说明了遗传的稳定性是相对的，而变异是绝对的。

生物的遗传与变异是同一事物的两个方面，遗传可以发生变异，发生的变异可以遗传，正常健康的父母，可能会生育出智力与体质方面有遗传缺陷的子女，并把遗传缺陷（变异）传递给下一代。

遗传和变异 〉

生物的遗传和变异是否有物质基础的问题，在遗传学领域内争论了数十年之久。在现代生物学领域中，一致认为生物的遗传物质在细胞水平上是染色体，在分子水平上是基因，它们的化学构成是脱氧核糖核酸（DNA)，在极少数没有DNA的原核生物中，如烟草花叶病毒等，核糖核酸（RNA）是遗传物质。

真核生物的细胞具有结构完整的细胞核，在细胞质中还有多种细胞器，真核生物的遗传物质就是细胞核内的染色体。但是，细胞质在某些方面也表现有一

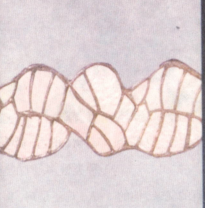

定的遗传功能。人类亲子代之间的物质联系是精子与卵子，而精子与卵子中具有遗传功能的物质是染色体，受精卵根据

染色体中DNA蕴藏的遗传信息，发育成和亲代相似的子代。

遗传和可以遗传的变异都是由遗传物质决定的。这种遗传物质就是细胞染色体中的基因。人类染色体与绝大多数生物一样，是由DNA（脱氧核糖核酸）链构成的，基因就是在DNA链上的特定的一个片段。由于亲代染色体通过生殖过程传递到子代，这就产生了遗传。染色体在生物的生活或繁殖过程中也可能发生

畸变,基因内部也可能发生突变,这都会导致变异。

如遗传学指出:患色盲的父亲,他的女儿一般不表现出色盲,但她已获得了其亲代的色盲基因,她的下一代中,儿子将可能获得色盲基因而患色盲。

观察我们身边很多有生命的物种:

动物、植物、微生物以及我们人类,虽然种类繁多,但在经历了很多年后,人还是人,鸡还是鸡,狗还是狗,蚂蚁、大象、桃树、柳树以及各种花草等等,千千万万种生物仍能保持各自的特征,这些特征包括形态结构的特征以及生理功能的特征。正因为生物界有这种遗传特性,自然界各种生物才能各自有序地生存、生活,并繁衍子孙后代。

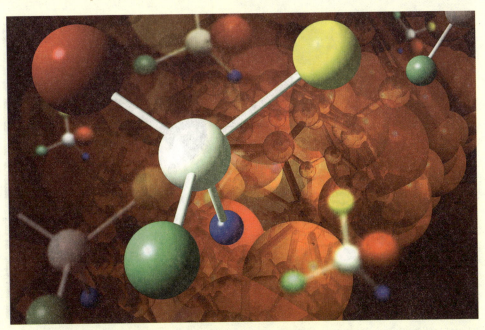

大家可能会问，生物是一代一代遗传下来，每种生物的形态结构以及生理功能应该是一模一样的，但为什么父母所生子女，一人一个样，一人一种性格，各有各自的特征？把不同人的皮肤或肾脏等器官互相移植，还会发生排斥现象，彼此不能接受，这又如何解释呢？科学家研究的结果告诉我们，生物界除了遗传现象以外还有变异现象，也就是说个体间有差异。例如，一对夫妇所生的子女，各有各的模样，丑陋的父母生出漂亮的孩子，平庸的父母生出聪明的孩子，这类情况也并不罕见。全世界恐怕很难找出两个一模一样的人，即使是单卵双生子，外人看起来好像一模一样，但是与他们朝夕相处的父母却能分辨出他们之间的细微差异，这种现象就是变异。人类中多

数变异现象是由于父母亲遗传基因的不同组合。每个孩子都从父亲那里得到遗传基因的一半，从母亲那里得到另一半，每个孩子所得到的遗传基因虽然数量相同，但内容有所不同，因此每个孩子都是一个新的组合体，与父母不一样，兄弟姐妹之间也不一样，而形成彼此间的差异。正因为有变异现象，人类才有众多的民族。人们可以很容易地从人群中认出张三、李四，如果没有变异，大家全都是一个样子，社会上的麻烦事就多了。除了外形有不同，变异还包括构成身体的基本物质——蛋白质也存在着变异，每个人都有他自己特异的蛋白质。所以，如果皮肤或器官从一个人移植到另一个人身上便会发生排斥现象，这就是因为他们之间的蛋白质不一样的缘故。

还有一类变异是遗传基因的突变，这类突变往往是由环境中的条件所诱发的，这种突变的基因还可以遗传给下

一代。许多基因突变的结果会造成遗传病。

变异也可以完全由环境因素造成，例如患小儿麻痹症（脊髓灰质炎）后遗的跛足，感染大脑炎后形成的痴呆等这些性状都是由环境因素造成的，是因为病毒感染使某些组织受损害，造成生理功能的异常，不是遗传物质的改变，所以不是遗传的问题，因此也不会遗传给下一代。

总之，遗传与变异是遗传现象中不可分离的两个方面，我们有从父母获得的遗传物质，保证我们人类的基本特征经久不变。在遗传过程中还不断地发生变异，每个人又在一定的环境下发育成长，才有了人类的多种多样。

遗传基因 〉

现代医学研究证明，除外伤外，几乎所有的疾病都和基因有关系。像血液分不同血型一样，人体中正常基因也分为不同的基因型，即基因多态型。不同的基因型对环境因素的敏感性不同，敏感基因型在环境因素的作用下可引起疾病。另外，异常基因可以直接引起疾病，这种情况下发生的疾病为遗传病。

可以说，引发疾病的根本原因有3种：

(1) 基因的后天突变；

(2) 正常基因与环境之间的相互作用；

(3) 遗传的基因缺陷。

绝大部分疾病，都可以在基因中发现病因。

基因通过其对蛋白质合成的指导，决定我们吸收食物，从身体中排除毒物

和应对感染的效率。

第一类与遗传有关的疾病有4 000多种，通过基因由父亲或母亲遗传获得。

第二类疾病是常见病，例如心脏病、糖尿病、多种癌症等，是多种基因和多种环境因素相互作用的结果。

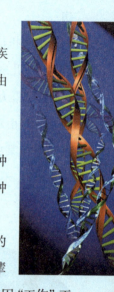

基因是人类遗传信息的化学载体，决定我们与前辈的相似和不相似之处。在基因"工作"正常的时候，我们的身体能够发育正常，功能正常。如果一个基因不正常，甚至基因中一个非常小的片断不正常，则可以引起发育异常、疾病，甚至死亡。

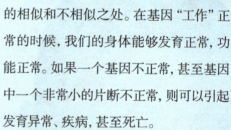

健康的身体依赖身体不断的更新，保证蛋白质数量和质量的正常，这些蛋白质互相配合保证身体各种功能的正常执行。每一种蛋白质都是一种相应的基因的产物。

基因可以发生变化，有些变化不引起蛋白质数量或质量的改变，有些则引起。基因的这种改变叫作基因突变。蛋白质在数量或质量上发生变化，会引起身体功能的不正常以致造成疾病。

遗传病的特点和种类 〉

遗传性疾病是由于遗传物质改变而造成的疾病。

遗传病具有先天性、家族性、终身性、遗传性的特点。

遗传病的种类大致可分为3类：

一经传给下代就能发病，即有发病的父代，必然有发病的子代，而且世代相传，如多指、并指、原发性青光眼等。

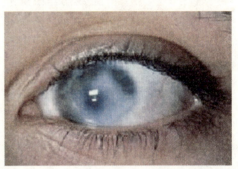

2.隐生遗传：如先天性聋哑、高度近视、白化病等，之所以称隐性遗传病，是因为患儿的双亲外表往往正常，但都是致病基因的携带者。

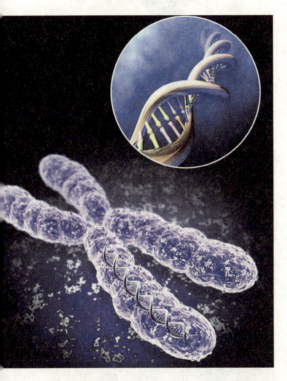

• 单基因病

单基因病常常表现出功能性的改变，不能造出某种蛋白质，代谢功能紊乱，形成代谢性遗传病。单基因病又分为3种：

1.显性遗传：父母一方有显性基因，

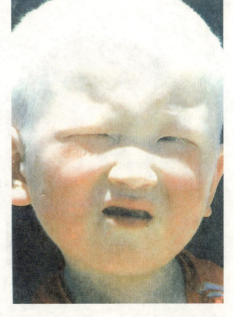

31

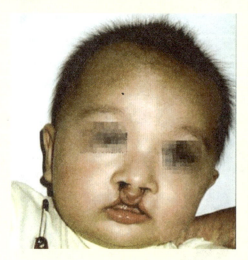

3. 性链锁遗传，又称伴性遗传，发病与性别有关，如血友病，其母亲是致病基因携带者。又如红绿色盲是一种交叉遗传，儿子发病是来自母亲，是致病基因携带者，而女儿发病是由父亲而来，但男性的发病率要比女性高得多。

• 多基因遗传

是由多种基因变化影响引起，是基因与性状的关系，人的性状如身高、体型、智力、肤色和血压等均为多基因遗传，还有唇裂、腭裂也是多基因遗传。此外多基因遗传受环境因素的影响较大，如哮喘病、精神分裂症等。

• 染色体异常

由于染色体数目异常或排列位置异常等而产生；最常见的如先天愚型，这种孩子面部愚钝，智力低下，两眼距离宽、斜视、伸舌样痴呆、通贯手，并常合并先天性心脏病。

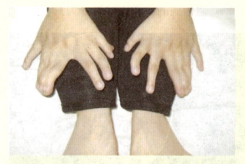

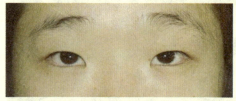

DNA ZHI LING

常见遗传病总结 〉

• 常染色体显性遗传

软骨发育不全，上臂、大腿短小畸形，腹部隆起；臀部后凸；身材矮小，致病基因导致长骨两端软骨细胞形成出现障碍。

• 常染色体隐性遗传

白化病患者皮肤、毛发、虹膜中缺乏黑色素，怕光，视力较差，缺乏酪氨酸的正常基因，无法将酪氨酸转变成黑色素。

• 先天性聋哑

听不到声音，不能学说话，成为哑巴，缺乏听觉正常的基因，听觉发育障碍。

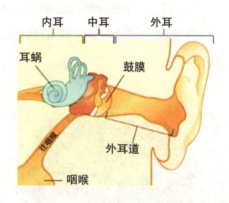

内耳　中耳　外耳
耳蜗　鼓膜
往咽喉
外耳道
咽喉

• 苯丙酮尿症 智力低下

缺乏苯丙氨酸羟化酶的正常基因，苯丙氨酸不能转化成酪氨酸而不能变成苯丙酮酸，中枢神经受损。

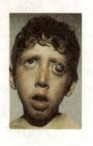

• X染色体显性遗传

抗维生素D佝偻病、X形（O形）腿，

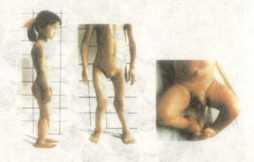

33

骨骼发育畸形,生长缓慢,致病基因使钙磷吸收不良,导致骨骼发育障碍。

• X染色体隐性遗传

红绿色盲,不能分辨红色和绿色,缺乏正常基因,不能合成正常视蛋白引起色盲。

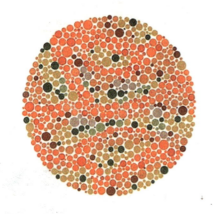

• 血友病

受伤后流血不止,缺乏凝血因子合成基因,导致凝血功能障碍。

• 染色体数目异常

常染色体21三体综合征,智力低下,身体发育缓慢,面容特殊,眼间距宽,口常开,舌伸出,第21号染色体多一条。

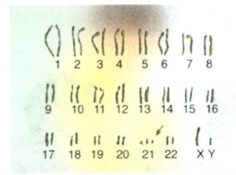

• 性染色体

性腺发育不良(XO) 身材矮小,肘外翻,颈部皮肤松弛,女性,无生育能力,少一X染色体;XYY个体,男性,身材高大,具有反社会行为,多一Y染色体。

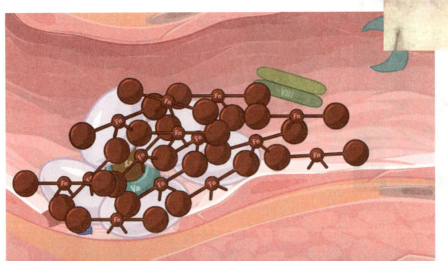

34

遗传病的判断方法 〉

• 常染色体隐性遗传

一对正常的夫妇生出患病的女儿，一定是常染色体隐性遗传。说明：如果子代是儿子患病，只能说明该病是隐性遗传，该致病基因究竟是在常染色体上还是在性染色体上还需要进一步推理。

• 常染色体显性遗传

一对患病的夫妇生出正常的女儿，一定是常染色体显性遗传。说明：如果子代是儿子正常，只能说明该病是显性遗传，该致病基因究竟是在常染色体上还是在性染色体上还需要进一步推理。

• 伴X染色体隐性遗传

①隔代遗传；②母亲患病，儿子一定

患病；③父亲正常，女儿一定正常；④女儿患病，父亲一定患病；⑤女性患者多于男性。

说明：父亲的致病基因只能传给女儿，儿子的致病基因一定来自母亲；母亲的致病基因可以通过女儿传递给外孙。

• 伴X染色体显性遗传

①连续遗传；②母亲正常，儿子一定正常；③父亲患病，女儿一定患病；④儿子患病，母亲一定患病；⑤男性患者多于女性。

• 伴Y染色体遗传

全男性遗传，即父传子，子传孙，子子孙孙无穷尽。

DNA与家族遗传

孩子的性格由什么基因决定 〉

性格是个人情商的一个重要组成部分，一个人的性格是决定日后人际交往、事业发展、职业升迁、生活状况、婚姻家庭的重要方面。

美国科学家早已发现：第11号染色体上有一种叫D4DR的遗传基因，与其性格密切相关。这充分说明，儿童最初的性格与遗传因素有非常大的关系。

那么，基因检测在培养孩子性格方面有何作用和优势呢？假使在早期，通过检测孩子与性格相关的基因，了解孩子先天的性格特征，采取科学合理的培养措施，就可以克服孩子性格中的劣势，发挥孩子性格中的优势。

因为一般来说，孩子年纪越小，性格的可塑性就越强。不良的性格特征一经形成，将非常难以纠正。

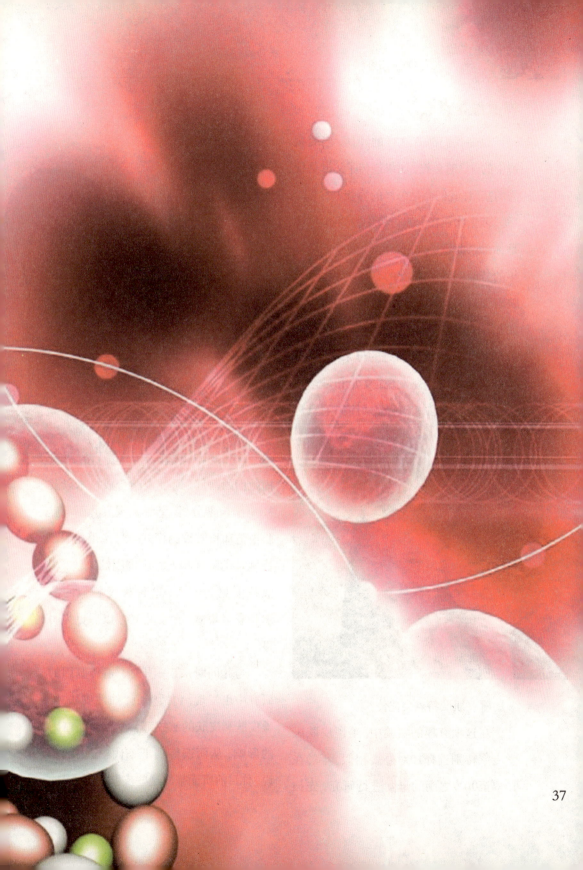

好肌肤是否会遗传 〉

也许我们都有这样的经历，当凝视镜中的自己时会想，如果遗传了父母最优秀的基因，我们会是怎样的容貌？

莎士比亚在十四行诗中曾写道："你是你母亲的镜子，在你里面，她唤回她盛年的芳菲四月。"儿女的音容笑貌，总是映着父母的影像。特别是母女之间更是如此。有这样一句俗语：如果想知道你妻子年老的样子，就看看她的母亲吧。而美国科学家最新研究发现：女儿和母亲连长皱纹的模式也如出一辙，可谓"有其母必有其女"。

哪些肌肤特点会遗传？

在这项有趣的实验中，美国皮肤医学专家特别选择10对外表相似、年龄在15岁至90岁之间的母女进行研究，先扫描她们的面部，通过人脸合成技术以及3D电脑模型分析，结果发现女儿面部皮肤松弛和长皱纹的模式与母亲很相似，特别是内眼角和下眼皮周围的皱纹，相似程度更为惊人，这种极度相似的萎缩和衰老模式，在女儿30岁以后更为明显。

与此同时，在一项关于遗传基因的研究中也发现，包括痤疮、油性皮肤、干燥皮肤和皮肤的皱纹都会受到母亲基因的影响，从而遗传到下一代中。也就是说，你目前所面临的这些皮肤问题，可能与遗传有关。而在未来的若干年中，母亲脸上的一些皮肤特征也同样会出现在你的脸上。

受遗传影响的肌肤问题：

A.表情纹，包括眉心的川型纹、法令纹和眼角纹等。

B.面部肌肤松弛状态，首先容易松弛的肌肤位置。

C.斑点，尤其是雀斑。

D.皮肤干燥或油腻度、毛孔粗大。

我们可以对遗传基因说"不"吗？

先天遗传的基因究竟能不能被改变？按照常理来说，是不可能的，特别是某些家族性遗传，比如皮肤敏感和雀斑之类。但是，也有一些隐性遗传肌肤问题是可以通过后天努力，科学养护来改善，其中最显而易见的就是表情纹。

妈妈的双眉间有川形纹的，女儿通常也会有，法令纹也是如此。表情纹是

因为频繁做某种表情而形成的动态纹，若是经年累月的动态纹没有好好照护处理，便会形成静态纹，也就是没做表情时，脸上也会出现深深的皱纹痕迹。如果你意识到这一点，在表情纹变成深层静态纹之前就注意调整面部表情，坚持长期做一些能够淡化表情纹、促进肌肤紧实的按摩和肌肤保养，你就完全可能打破遗传基因的神话，在几年后仍然拥有平滑的、几乎看不

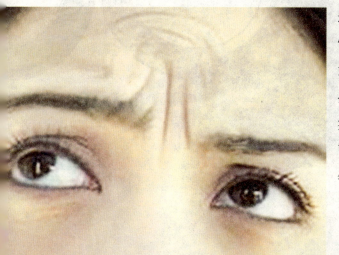

见皱纹的脸孔。

• **提前保养，预约10年后的好肌肤**

　　若要想对抗遗传基因，预防肌肤色斑及老化问题，一定要从年轻开始，在细纹还没有变成深层静态纹形成之前将其抚平，在色素沉积还没有变成深层斑点前将其淡

化，总之，只有将肌肤问题扼杀在萌芽状态，才能避免其发展恶化。正因如此，肌肤保养产品也开始从过去的由外添加、被动防御肌肤老化的方式转为由内自发、主动活化，制造各种自我保护分子，进而提升肌肤的抵御与修护能力，更有不少品牌将焦点锁定在"基因"上，从基因的角度让肌肤远离色斑及皱纹困扰，重建细胞，保持肌肤健康年轻。

虽然，我们不可能让肌肤完全违抗基因遗传的定律，但绝对能让肌肤维持在最佳状态。而从现在开始提前保养，就是为了预约 5 年甚至是 10 年后的好皮肤！

41

"最糟的" 几个遗传特征 〉

美国"生活科学网"评出了人类10个"最糟糕"的遗传特征，依次是酗酒、乳腺癌、色盲、恃强凌弱、肥胖、心脏病、生育双胞胎、青春痘、乳糖不耐受和秃顶。

据该网站报道，虽然人体内的基因有99.9%和父母体内的完全相同，但仍有0.1%的不同，而正是这0.1%，才造就了包括血型和眼球颜色在内的300万个不同遗传特征出现，当然这些不同也成就了一个人的独特性。然而不幸的是，家庭遗传并非常常都是优秀的，以下10个遗传特征就被称为"最糟的"。

• 酗酒

酒鬼的孩子可能天生就喜欢酒精。最近的研究显示，嗜酒有大约50%的原因和遗传基因有关，而环境因素只对酒鬼施加一半的影响。

• 乳腺癌

大部分乳腺癌的发病原因至今仍是个谜，然而研究人员已发现一些特定基因的变异可导致癌症。有些妇女可能在生命早期染上乳腺癌，而且是两只乳房均会出现癌变。

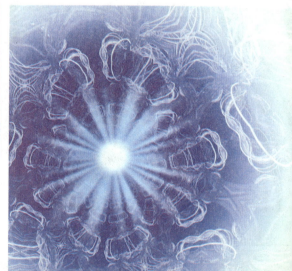

• 色盲

美国有 1 000 万人辨别不清红色和绿色，却只有 60 万妇女出现类似症状。这是因为男人只能继承母亲身上一个 X 染色体的基因。而女人有 2 个 X 染色体，即使一个辨色基因出现缺陷，还有另一个基因可以顶替它的位置。

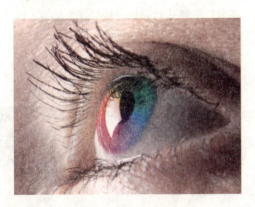

• 恃强凌弱

当孩子在操场上打架而被"请进"校长办公室时，千万别忘了向父母抱怨一番。这是因为，科学家在人体内发现了一种可以增进好斗性的基因。其中，男孩子的攻击性行为更有可能是从家庭中遗传而来的。

• 肥胖

炸薯条和肥胖基因是支持肥胖的双重"后台"。科学理论揭示，肥胖基因可帮助我们的祖先熬过饥荒，然而在现在这个食物充裕的时代，却正在给我们的生活带来很多麻烦。

• 心脏病

出生于有心脏病、糖尿病、中风或高血压家族史的家庭的孩子很可能会沿袭其"传统"。除此之外，如果某人患

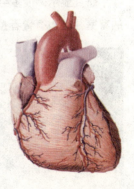

43

有先天性心脏缺陷疾病，他的后代心脏出现先天性缺陷的可能性也会稍微偏高。

• 生育双胞胎

虽然双胞胎的出生完全是偶然的事情，但是同一家族中往往会一次又一次地出现双胞胎。这种女人体内会携带一种基因，使她在排卵期产生的卵细胞加倍。虽然男人携带这种基因可能不会让他生出双胞胎，但他可以把它遗传给女儿，因此未来当上双胞胎的外公还是有可能的。

• 青春痘

研究显示，很多男孩长青春痘，他们的家庭往往也有青春痘"生长史"。同样，

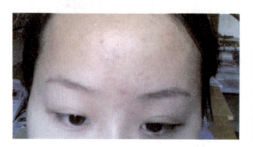

父母年轻时如果长过严重的青春痘，那么他们的孩子很可能也逃不过严重痤疮的困扰。

• 乳糖不耐受

在过去的1万年中，基因变异导致人体对牛奶的消化能力不断改进，但是这种能力只在那些对喝奶已经习以为常的人群中得到了提高。如果你不能忍受牛奶的话，那么你的亲戚很可能也无法消受这种东西。

44

• 秃顶

　　秃顶在男人身上很普遍，它可能跟来自父母一方或双方的几种基因变异有关。而永久性的全秃是一种很罕见的情况，患有此病的人全身毛发都会脱落，他们体内会携带"脱毛"基因。

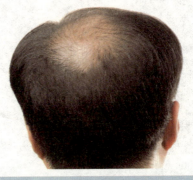

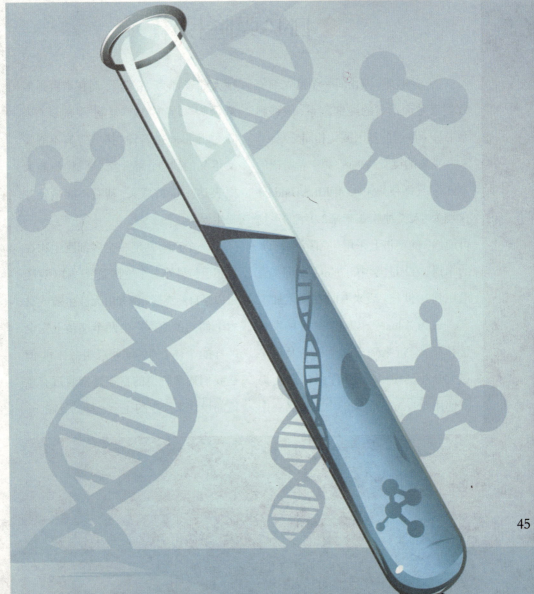

● DNA克隆技术

克隆技术，是由同一个祖先细胞分裂繁殖而形成的纯细胞系，该细胞系中每个细胞的基因彼此相同。

克隆的英文"clone"源于希腊语的"klōn"（嫩枝）。1963年J.B.S.Haldane在题为"人类种族在未来2万年的生物可能性"的演讲上采用"克隆(clone)"的术语。在园艺学中，"clon"一词一直沿用到20世纪。后来有时在词尾加上"e"成为"clone"，以表明"o"的发音是长元音。近来随着这个概念及单字在大众生活中广泛使用，拼法已经局限使用"clone"。该词的中文译名在中国大陆音译为"克隆"，而在港台则多意译为"转殖"或"复制"。前者"克隆"如同copy的音译"拷贝"，有不能望文生义的缺点；而后者"复制"虽能大概表达clone的意义，却有不能精确并易生误解之憾。

一个克隆就是一个多细胞生物在遗传上与另外一个生物完全一样。克隆可以是自然克隆，例如由无性生殖或是由于偶然的原因产生两个遗传上完全一样的个体（例如同卵双生一样）。但是我们通常所说的克隆是指通过有意识的设计来产生的完全一样的复制。

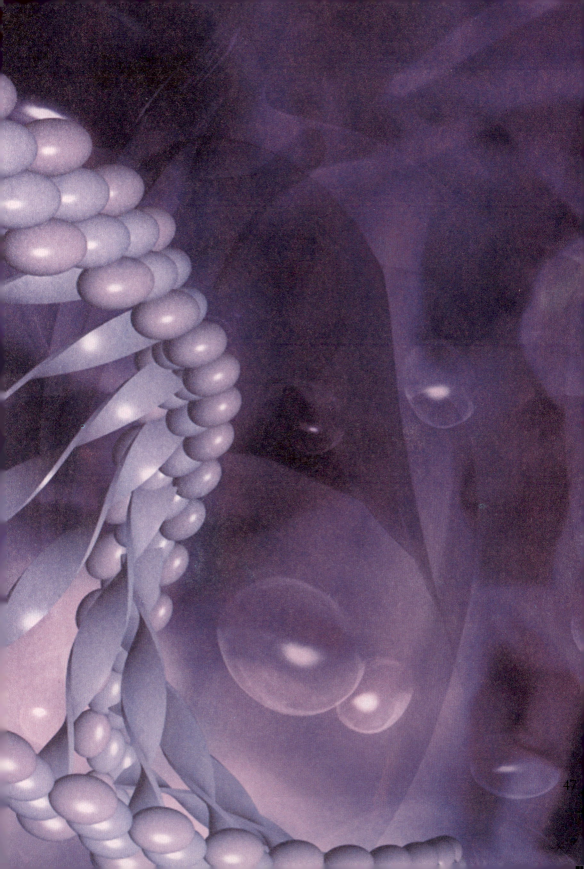

克隆技术的发展 ⟩

克隆技术,已经经历了3个发展时期:第一个时期是微生物克隆,即用一个细菌很快复制出成千上万个和它一模一样的细菌,而变成一个细菌群;第二个时期是生物技术克隆,比如用遗传基因——DNA克隆;第三个时期是动物克隆,即由一个细胞克隆成一个动物。克隆绵羊"多利"由一头母羊的体细胞克隆而来,使用的便是动物克隆技术。

48

克隆在生物学上的应用 >

在生物学上，克隆通常用在两个方面：克隆一个基因或是克隆一个物种。克隆一个基因是指从一个个体中获取一段基因（例如通过PCR的方法），然后将其插入。另外在动物界也有无性繁殖，不过多见于非脊椎动物，如原生动物的分裂繁殖、尾索类动物的出芽生殖等。但对于高级动物，在自然条件下，一般只能进行有性繁殖，所以要使其进行无性繁殖，科学家必须经过一系列复杂的操作程序。在20世纪50年代，科学家成功地无性繁殖出一种两栖动物——非洲爪蟾，揭开了细胞生物学的新篇章。

英国和我国等国在20世纪80年代后期先后利用胚胎细胞作为供体，"克隆"出了哺乳动物。到90年代中期，我国已用此种方法"克隆"了老鼠、兔子、山羊、牛、猪5种哺乳动物。

克隆羊"多利" 〉

1996年7月5日克隆出一只基因结构与供体完全相同的小羊"多利"（Dolly），世界舆论为之哗然。"多利"的特别之处在于它的生命的诞生没有精子的参与。研究人员先将一个绵羊卵细胞中的遗传物质吸出去，使其变成空壳，然后从一只6岁的母羊身上取出一个乳腺细胞，将其中的遗传物质注入卵细胞空壳中。这样就得到了一个含有新的遗传物质却没有受过精的卵细胞。这一经过改造的卵细胞分裂、增殖形成胚胎，再被植入另一只母羊子宫内，随着母羊的成功分娩，"多利"来到了世界。

但为什么其他克隆动物并未在世界上产生这样大的影响呢？这是因为其他克隆动物的遗传基因来自胚胎，且都是用胚胎细胞进行的核移植，不能严格地说是"无性繁殖"。另一原因，胚胎细胞

本身是通过有性繁殖的，其细胞核中的基因组一半来自父本，一半来自母本。而"多利"的基因组，全都来自单亲，这才

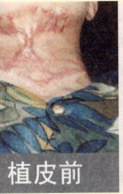
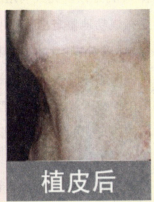

植皮前　　　植皮后

是真正的无性繁殖。因此，从严格的意义上说，"多利"是世界上第一个真正克隆出来的哺乳动物。克隆技术是科学发展的结果，它有着极其广泛的应用前景。在园艺业和畜牧业中，克隆技术是选育

遗传性质稳定的品种的理想手段，通过它可以培育出优质的果树和良种家畜。

在医学领域，美国、瑞士等国家已能利用"克隆"技术培植人体皮肤进行植皮手术。这一新成就避免了异体植皮可能出现的排异反应，给病人带来了福音。据新华社1997年4月4日报道，上海市第九人民医院整形外科专家曹谊林在世界上首次采用体外细胞繁殖的方法，成功地在白鼠上复制出人耳，为人体缺失器官的修复和重建带来希望。克隆技术还可用来大量繁殖许多有价值的基因，如治疗糖尿病的胰岛素、有希望使侏儒症患者重新长高的生长激素和能抗多种疾病感染的干扰素等等。

克隆是人类在生物科学领域取得的一项重大技术突破，反映了细胞核分化技术、细胞培养和控制技术的进步。

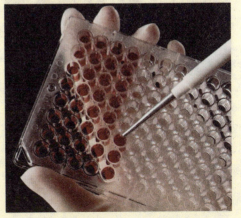

"克隆"的来源及发展 〉

"克隆"一词于1903年被引入园艺学，以后逐渐应用于植物学、动物学和医学等方面。广泛意义上的"克隆"其实是我们的日常生活中经常遇到的，只是没叫它"克隆"而已。在自然界，有不少植物具有先天的克隆本能，如番薯、马铃薯、玫瑰等的插枝繁殖的植物。而动物的克隆技术，则经历了由胚胎细胞到体细胞的发展过程。

多利与那头6岁母羊具有完全相同的基因，可谓是它母亲的复制品。值得注意的是，克隆技术在带给人类巨大利益的同时，也会给人类带来灾难和问题，但我们不能因为这项技术可能带来严重后果而阻止其发展，它的产生归根结底是利大于弊，它将被广泛应用在有利于人类的方面。一个个体（通常是通过载体），再加以研究或利用。克隆有时候是指成功地鉴定出某种表现型显性基因。所以当某个生物学家说某某疾病的基因被成功地克隆了，就是说这个基因的位置和DNA序列被确定。而获得该基因的拷贝则可以认为是鉴定此基因的副产品。

克隆一个生物体意味着创造一个与原先的生物体具有完全一样的遗传信息的新生物体。在现代生物学背景下，这通常包括了体细胞核移植。在体细胞核移植中，卵母细胞核被除去，取而代之的是从被克隆生物体细胞中取出的细胞核，通常卵母细胞和它移入的细胞核均应来自同一物种。由于细胞核几乎含有生命的全部遗传信息，宿主卵母细胞将发育成

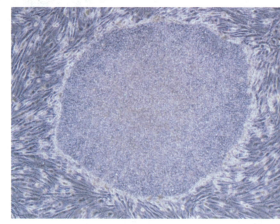

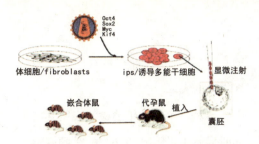

体细胞/fibroblasts
ips/诱导多能干细胞
显微注射
嵌合体鼠
代孕鼠
植入
囊胚

为在遗传上与核供体相同的生物体。线粒体DNA这里虽然没有被移植，但相对来讲线粒体DNA还是很少的，通常可以忽略其对生物体的影响。

克隆在园艺学上是指通过营养生殖产生的单一植株的后代。很多植物都是通过克隆这样的无性生殖方式从单一植株获得大量的子代个体。

利用克隆技术可以在抢救珍稀濒危动物、扩大良种动物群体、提供足量试验动物、推进转基因动物研究、攻克遗传性疾病、研制高水平新药、生产可供人移植的内脏器官等研究中发挥作用，但如果将其应用在人类自身的繁殖上，将产生巨大的伦理危机。

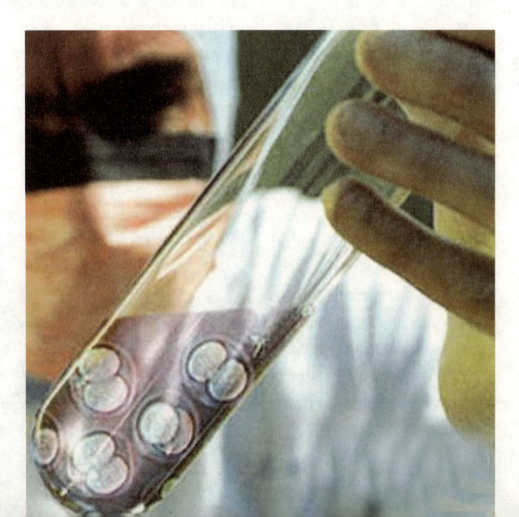

DNA ZHI LING

所有克隆的物品及克隆时间 >

绵羊: 1996年, 多利(Dolly)

猕猴: 2000年1月, Tetra, 雌性

猪: 2000年3月, 5只苏格兰PPL小猪; 8月, Xena, 雌性

牛: 2001年, Alpha和Beta, 雄性

猫: 2001年底, CopyCat(CC), 雌性

鼠: 2002年

兔: 2003年3—4月分别在法国和朝鲜独立地实现

骡: 2003年5月, 爱达荷Gem, 雄性; 6月, 犹他先锋, 雄性

鹿: 2003年, Dewey

马: 2003年, Prometea, 雌性

狗: 2005年, 韩国首尔大学实验队, 史努比(Snoopy)

猪: 2005年8月8日, 中国第一头供体细胞克隆猪

尽管克隆研究取得了很大进展, 目前克隆的成功率还是相当低的: 多利出生之前研究人员经历了276次失败的尝试; 70只小牛的出生则是在9 000次尝试后才获得成功, 并且其中的1/3在幼年时就死了; Prometea也是花费了328次尝试才成功出生。而对于某些物种, 例如猫和猩猩, 目前还没有成功克隆的报道。而狗的克隆实验, 也是经过数百次反复实验才得来的成果。

多利出生后的年龄检测表明其出生的时候就上了年纪。它6岁的时候就得了一般老年时才得的关节炎。这样的衰老被认为是端粒的磨损造成的。端粒是染色体位于末端的。随着细胞分裂, 端粒在复制过程中不断磨损, 这通常认为是衰老的一个原因。然而, 研究人员在克隆成功牛后却发现它们实际上更年轻。分析它们的端粒表明它们不仅是回到了出生的长度, 而且比一般出生时候的端粒更长。这意味着它们可以比一般的牛有更长的寿命, 但是由于过度生长, 它们中的很多都夭折了。研究人员相信相关的研究最终可以用来改变人类的寿命。

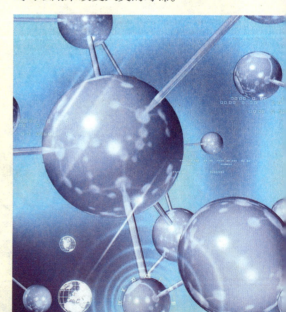

克隆技术的利和弊 〉

我们所说的生物技术的利和弊主要指的是克隆,其利和弊如下:

利:

(1)克隆技术可解除那些不能成为母亲的女性的痛苦。

(2)克隆实验的实施促进了遗传学的发展,为"制造"能移植于人体的动物器官开辟了前景。

(3)克隆技术也可用于检测胎儿的遗传缺陷。将受精卵克隆用于检测各种遗传疾病,克隆的胚胎与子宫中发育的胎儿遗传特征完全相同。

(4)克隆技术可用于治疗神经系统的损伤。成年人的神经组织没有再生能力,但干细胞可以修复神经系统损伤。

(5)在体外受精手术中,医生常常需要将多个受精卵植入子宫,以从中筛选一个进入妊娠阶段。但许多女性只能提供一个卵子用于受精。通过克隆可以很好地解决这一问题。这个卵细胞可以克隆成为多个用于受精,从而大大提高妊娠成功率。

弊:

(1)克隆将减少遗传变异,通过克隆产生的个体具有同样的遗传基因,同样的疾病敏感性,一种疾病就可以毁灭

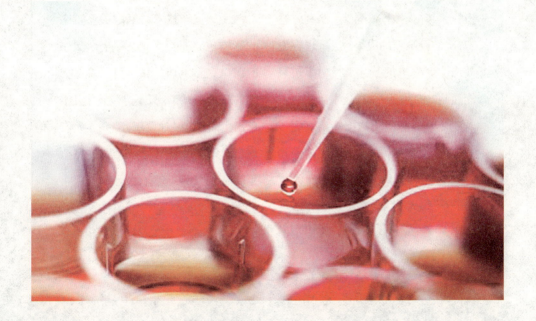

整个由克隆产生的群体。可以设想,如果一个国家的牛群都是同一个克隆产物,一种并不严重的病毒就可能毁灭全国的畜牧业。

(2)克隆技术的使用将使人们倾向于大量繁殖现有种群中最有利用价值的个体,而不是按自然规律促进整个种群的优胜劣汰。从这个意义上说,克隆技术干扰了自然进化过程。

(3)克隆技术是一种昂贵的技术,需要大量的金钱和生物专业人士的参与,失败率非常高。多利就是277次实验唯一的成果。虽然现在发展出了更先进的技术,成功率也只能达到2%~3%。

(4)转基因动物提高了疾病传染的风险。例如,如果一头生产药物牛奶的牛感染了病毒,这种病毒就可能通过牛奶感染病人。

(5)克隆技术应用于人体将导致对后代遗传性状的人工控制。克隆技术引起争论的核心就是能否允许对发育初期的人类胚胎进行遗传操作。这是很多伦理学家所不能接受的。

(6)克隆技术也可用来创造"超人",或拥有健壮的体格却智力低下的人。而且,如果克隆技术能够在人类中有效运用,男性也就失去了遗传上的意义。

(7)克隆技术对家庭关系带来的影响也将是巨大的。一个由父亲的DNA克隆生成的孩子可以看作父亲的双胞胎兄弟,只不过延迟了几十年出生而已。很难设想,当一个人发现自己只不过是另外一个人的完全复制品,他(她)会有什么感受?

● DNA的片段——基因

有遗传效应的DNA片段，是控制生物性状的基本遗传单位。

人们对基因的认识是不断发展的。19世纪60年代，遗传学家孟德尔就提出了生物的性状是由遗传因子控制的观点，即孟德尔定律，但这仅仅是一种逻辑推理的产物。20世纪初期，遗传学家摩尔根通过果蝇的遗传实验，认识到基因存在于染色体上，并且在染色体上是呈线性排列，从而得出了染色体是基因载体的结论。

20世纪50年代以后，随着分子遗传学的发展，尤其是沃森和克里克提出双螺旋结构以后，人们才真正认识了基因的本质，即基因是具有遗传效应的DNA片断。研究结果还表明，每条染色体只含有1~2个DNA分子，每个DNA分子上有多个基因，每个基因含有成百上千个脱氧核苷酸。由于不同基因的脱氧核苷酸的排列顺序（碱基序列）不同，因此，不同的基因就含有不同的遗传信息。1994年中科院曾邦哲提出系统遗传学概念与原理，探讨猫之为猫、虎之为虎的基因逻辑与语言，提出基因之间相互关系与基因组逻辑结构及其程序化表达的发生研究。

基因的特点：复制与表达 〉

基因有两个特点，一是能忠实地复制自己，以保持生物的基本特征；二是基因能够"突变"，突变绝大多数会导致疾病，另外的一小部分是非致病突变。非致病突变给自然选择带来了原始材料，使生物可以在自然选择中被选择出最适合自然的个体。

含特定遗传信息的核苷酸序列，是遗传物质的最小功能单位。除某些病毒的基因由核糖核酸（RNA）构成以外，多数生物的基因由脱氧核糖核酸（DNA）构成，并在染色体上作线状排列。基因一词通常指染色体基因。在真核生物中，由于染色体都在细胞核内，所以又称为核基因。位于线粒体和叶绿体等细胞器中的基因则称为染色体外基因、核外基因或细胞质基因，也可以分别称为线粒体基因、质粒和叶绿体基因。

在通常的二倍体的细胞或个体中，能维持配子或配子体正常功能的最低数目的一套染色体称为染色体组或基因组，一个基因组中包含一整套基因。相应的全部细胞质基因构成一个细胞质基因组，其中包括线粒体基因组和叶绿体基因组等。原核生物的基因组是一个单纯的DNA或RNA分子，因此又称为基因带，通常也称为它的染色体。

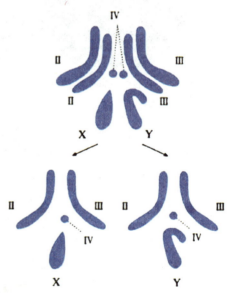

基因在染色体上的位置称为座位，每个基因都有自己特定的座位。在同源染色体上占据相同座位的不同形态的基因都称为等位基因。在自然群体中往往有一种占多数的（因此常被视为正常的）

等位基因，称为野生型基因；同一座位上的其他等位基因一般都直接或间接地由野生型基因通过突变产生，相对于野生型基因，称它们为突变型基因。在二倍体的细胞或个体内有两个同源染色体，所以每一个座位上有两个等位基因。如果这两个等位基因是相同的，那么就这个基因座位来讲，这种细胞或个体称为纯合体；如果这两个等位基因是不同的，就称为杂合体。在杂合体中，两个不同的等位基因往往只表现一个基因的性状，这个基因称为显性基因，另一个基因则称为隐性基因。在二倍体的生物群体中等位基因往往不止两个，两个以上的等位基因称为复等位基因。不过有一部分早期认为属于复等位基因的基因，实际上并不是真正的等位，而是在功能上密切相关、在位置上又邻接的几个基因，所以把

它们另称为拟等位基因。某些表型效应差异极少的复等位基因的存在很容易被忽视，通过特殊的遗传学分析可以分辨出存在于野生群体中的几个等位基因。这种从性状上难以区分的复等位基因称为同等位基因。许多编码同工酶的基因也是同等位基因。

属于同一染色体的基因构成一个连锁群。基因在染色体上的位置一般并不反映它们在生理功能上的性质和关系，但它们的位置和排列也不完全是随机的。在细菌中编码同一生物合成途径中有关酶的一系列基因常排列在一起，构成一个操纵子；在人、果蝇和小鼠等不同的生物中，也常发现在作用上有关的几个基因排列在一起，构成一个基因复合体或基因簇或者称为一个拟等位基因系列或复合基因。

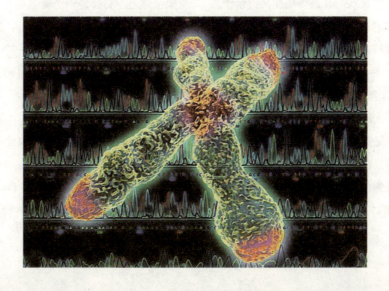

• 基因的化学本质

1866 年，奥地利学者 G·J·孟德尔在他的豌豆杂交实验论文中，用大写字母 A、B 等代表显性性状如圆粒、子叶黄色等，用小写字母 a、b 等代表隐性性状如皱粒、子叶绿色等。他并没有严格地区分所观察到的性状和控制这些性状的遗传因子。但是从他用这些符号所

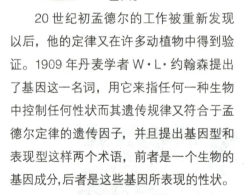

表示的杂交结果来看，这些符号正是在形式上代表着基因，而且至今在遗传学的分析中为了方便起见仍沿用它们来代表基因。

20 世纪初孟德尔的工作被重新发现以后，他的定律又在许多动植物中得到验证。1909 年丹麦学者 W·L·约翰森提出了基因这一名词，用它来指任何一种生物中控制任何性状而其遗传规律又符合于孟德尔定律的遗传因子，并且提出基因型和表现型这样两个术语，前者是一个生物的基因成分，后者是这些基因所表现的性状。

1910 年美国遗传学家兼胚胎学家 T·H·摩尔根在果蝇中发现白色复眼 (white eyes,W) 突变型，首先说明基因可以发生突变，而且由此可以知道野生型基因 W+ 具有使果蝇的复眼发育成为红色这一生理功能。1911 年摩尔根又在果蝇的 X 连锁

基因白眼和短翅两品系的杂交子二代中，发现了白眼、短翅果蝇和正常的红眼长翅果蝇，首先指出位于同一染色体上的两个基因可以通过染色体交换而分处在两个同源染色体上。交换是一个普遍存在的遗传现象，不过直到 20 世纪 40 年代中期为止，还从来没有发现过交换发生在一个基因内部的现象。因此当时认为一个基因是一个功能单位，也是一个突变单位和一个交换单位。

40 年代以前，对于基因的化学本质并不了解。直到 1944 年 O·T·埃弗里等证实肺炎双球菌的转化因子是 DNA，才首次用实验证明了基因是由 DNA 构成的。

　　1955年S·本泽用大肠杆菌T4噬菌体作材料，研究快速溶菌突变型rⅡ的基因精细结构，发现在一个基因内部的许多位点上可以发生突变，并且可以在这些位点之间发生交换，从而说明一个基因是一个功能单位，但并不是一个突变单位和交换单位，因为一个基因可以包括许多突变单位（突变子）和许多重组单位（重组子）。

　　1969年J·夏皮罗等从大肠杆菌中分离到乳糖操纵子，并且使它在离体条件下进行转录，证实了一个基因可以离开染色体而独立地发挥作用，于是颗粒性的遗传概念进一步确立。随着重组DNA技术和核酸的顺序分析技术的发展，对基因的认识又有了新的发展，主要是发现了重叠的基因、断裂的基因和可以移动位置的基因。

63

基因变异 〉

基因变异是指基因组DNA分子发生的突然的可遗传的变异。从分子水平上看，基因变异是指基因在结构上发生碱基对组或排列顺序的改变。基因虽然十分稳定，能在细胞分裂时精确地复制自己，但这种稳定性是相对的。在一定的条件下基因也可以从原来的存在形式突然改变成另一种新的存在形式，就是在一个位点上，突然出现了一个新基因，代替了原有基因，这个基因叫作变异基因。于是后代的表现中也就突然地出现祖先从未有的新性状。例如英国女王维多利亚家族在她以前没有发现过血友病的

病人，但是她的一个儿子患了血友病，成了她家族中第一个患血友病的成员。后来，又在她的外孙中出现了几个血友病病人。很显然，在她的父亲或母亲中产生了一个血友病基因的突变。这个突变基因传给了她，而她是杂合子，所以表现型仍是正常的，但通过她传给了她的儿子。基因变异的后果除如上所述形成致病基因引起遗传病外，还可造成死胎、自然流产和出生后夭折等，称为致死性突变；当然也可能对人体并无影响，仅仅造成正常人体间的遗传学差异；甚至可能给个体的生存带来一定的好处。

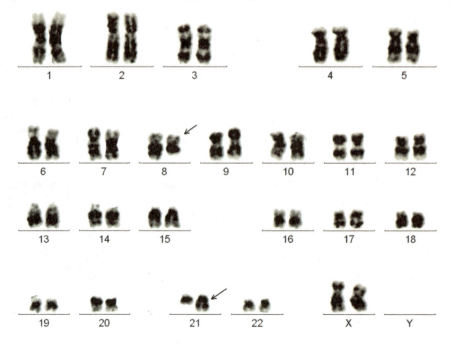

基因破译 〉

众所周知，染色体是DNA的载体，基因是DNA上有遗传效应的片段，构成DNA的基本单位是4种碱基。由于每个人拥有30亿对碱基，破译所有DNA的碱基排列顺序无疑是一项巨型工程。与传统基因序列测定技术相比，基因芯片破译人类基因组和检测基因突变的速度要快数千倍。

基因芯片的检测速度之所以这么快，主要是因为基因芯片上有成千上万个微凝胶，可进行并行检测；同时，由于微凝胶是三维立体的，它相当于提供了一个三维检测平台，能固定住蛋白质和DNA并进行分析。

美国正在对基因芯片进行研究，已开发出能快速解读基因密码的"基因芯片"，使解读人类基因的速度大幅提高。

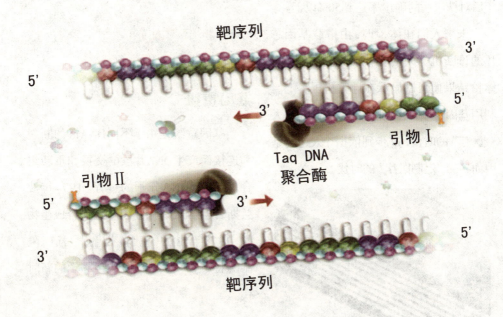

基因诊断 〉

通过使用基因芯片分析人类基因组,可找出致病的遗传基因。癌症、糖尿病等,都是遗传基因缺陷引起的疾病。医学和生物学研究人员将能在数秒钟内鉴定出最终会导致癌症等的突变基因。借助一小滴测试液,医生们能预测药物对病人的功效,可诊断出药物在治疗过程中的不良反应,还能当场鉴别出病人受到了何种细菌、病毒或其他微生物的感染。利用基因芯片分析遗传基因,将使10年后对糖尿病的确诊率达到50%以上。

未来人们在体检时,由搭载基因芯片的诊断机器人对受检者采血,转瞬间体检结果便可以显示在计算机屏幕上。利用基因诊断,医疗将从千篇一律的"大众医疗"的时代,进步到依据个人遗传基因而异的"定制医疗"的时代。

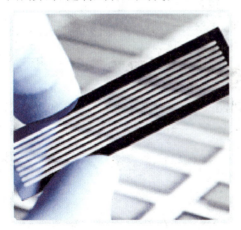

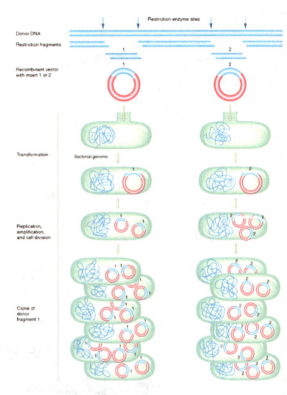

基因重组 〉

基因重组是由于不同DNA链的断裂和连接而产生DNA片段的交换和重新组合,形成新DNA分子的过程。1974年波兰斯吉巴尔斯基称基因重组为合成生物学,1978年他在《基因》期刊中写道:限制酶将带领我们进入合成生物学的新时代。

基因突变 〉

基因突变指一个基因内部可以遗传的结构的改变。又称为点突变，通常可引起一定的表现型变化。广义的突变包括染色体畸变。狭义的突变专指点突变。实际上畸变和点突变的界限并不明确，特别是微细的畸变更是如此。野生型基因通过突变成为突变型基因。突变型一词既指突变基因，也指具有这一突变基因的个体。

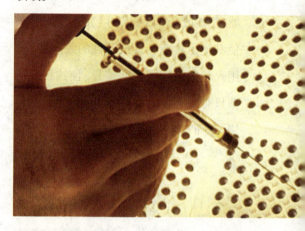

基因调控 〉

生物体内控制基因表达的机制。基因表达的主要过程是基因的转录和信使核糖核酸的翻译。基因调控主要发生在3个水平上，即：①DNA水平上的调控、转录控制和翻译控制；②微生物通过基因调控可以改变代谢方式以适应环境的变化，这类基因调控一般是短暂的和可逆的；③多细胞生物的基因调控是细胞分化、形态发生和个体发育的基础，这类调控一般是长期的，而且往往是不可逆的。基因调控的研究有广泛的生物学意义，是发生遗传学和分子遗传学的重要研究领域。

基因武器 〉

基因武器，也称遗传工程武器或DNA武器。它运用先进的遗传工程这一

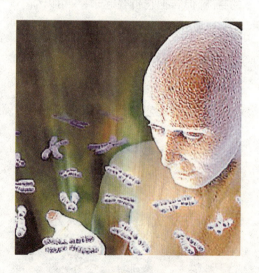

新技术，用类似工程设计的办法，按人们的需要通过基因重组，在一些致病细菌或病毒中接入能对抗普通疫苗或药物

的基因，或者在一些本来不会致病的微生物体内接入致病基因而制造成生物武器。它能改变非致病微生物的遗传物质，使其产生具有显著抗药性的致病菌，利用人种生化特征上的差异，使这种致病菌只对特定遗传特征的人们产生致病作用，从而有选择地消灭敌方有生力量。

基因计算 >

DNA分子类似"计算机磁盘"，拥有信息的保存、复制、改写等功能。将螺旋状的DNA的分子拉直，其长度将超过人的身高，但若把它折叠起来，又可以缩小为直径只有几微米的小球。因此，DNA分子被视为超高密度、大容量的分子存储器。

基因芯片经过改进，利用不同生物

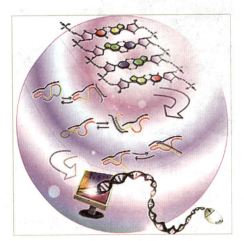

状态表达不同的数字后还可用于制造生物计算机。基于基因芯片和基因算法，未来的生物信息学领域，将有望出现能与当今的计算机业硬件巨头——英特尔公司、软件巨头——微软公司相匹敌的生物信息企业。

基因检测 >

基因检测是通过血液、其他体液、或细胞对DNA进行检测的技术。基因检测可以诊断疾病，也可以用于疾病风险的

正常细胞

P16缺失

预测。疾病诊断是用基因检测技术检测引起遗传性疾病的突变基因。目前应用最广泛的基因检测是新生儿遗传性疾病的检测、遗传疾病的诊断和某些常见病的辅助诊断。目前有1 000多种遗传性疾病可以通过基因检测技术做出诊断。

基因对大脑的影响 >

加州大学洛杉矶分校的大脑图谱研究人员首次创造出显示个体基因如何影响他们的大脑结构和智力水平的图像。这项发现发表于2001年11月5日的《自然神经科学》杂志上，为父母如何向后代传递个性特征和认知能力以及大脑疾病如何影响整个家族提供了令人兴奋的新见解。

研究小组发现大脑前沿部分灰质的数量是由个体父母的遗传组成决定的，根据智力测验的分数的衡量，它与个体的认知能力有着极大的关联。

更为重要的是，这些是第一批揭开正常的遗传差异是如何影响大脑结构和智力的图像。

大脑控制语言和阅读技巧的区域在同卵双生的双胞胎中本质上是一样的，因为他们享有完全一样的基因，而普通的兄弟姐妹只显示60%的正常的大脑差异。

家庭成员大脑中的这种紧密的结构相似性有助于解释大脑疾病包括精神分裂症和一些类型的痴呆症等为什么会在家庭中蔓延。

家庭成员的大脑语言区也同样极其相似。家庭成员最为相似的大脑区域可能特别易受家族遗传病攻击，包括各种形式的精神分裂症和痴呆症等。

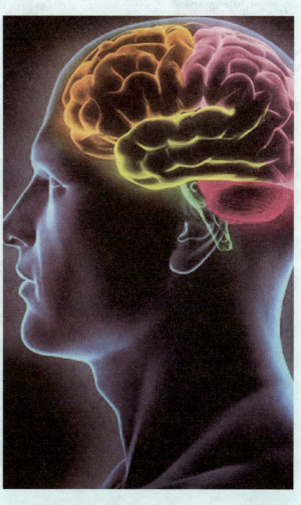

科学家使用磁共振成像技术来扫描一组20对基因完全相同的同卵双生的双胞胎，和20对一半基因相同的异卵双生的同性双胞胎。

通过高速的超型计算机，他们创造出用不同色彩作标记的图像，图像可以显示大脑的哪些部位是由我们的遗传组成决定的，哪些部位更易受环境因素如学习和压力等的影响。

为绘制出遗传对大脑影响的图谱，美国加州大学洛杉矶分校的科学家们与芬兰国家公共卫生研究院和芬兰赫尔辛基大学合作，在一项国家计划中，芬兰研究人员跟踪了芬兰从1940到1957年间所有的同性双胞胎——共9 500对，他们中有许多接受了大脑扫描和认知能力测试。

通过分析78个不同的遗传标记，他们的遗传相似性被进一步证实。这些个体的DNA在同卵双生的双胞胎中完全吻合，异卵双生的双胞胎中一半吻合。

最近的研究令人惊讶地显示许多认知技能是可遗传的，遗传对口头表达能力和空间感、反应时期、甚至一些个性特质如对压力的情绪反应等都有极大的影响。甚至在根据共同家庭环境对统计数据进行修正之后——通常这种共同环境趋向于使同一家庭成员更为相似——遗传关联依然存在。在这项研究以前，人们对个体基因型对个体大脑间广泛变异以及个体的认知能力有多大影响知之甚少。

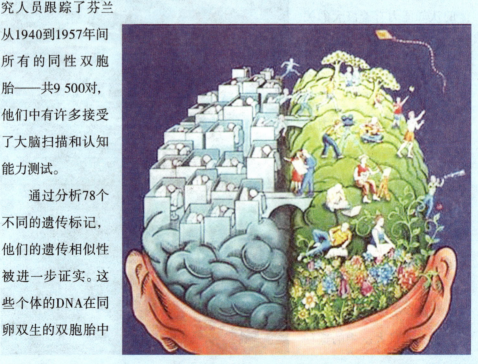

人类基因组计划 >

人类基因组计划（human genome project, HGP）是由美国科学家于1985年率先提出，于1990年正式启动的。美国、英国、法国、德国、日本国和我国科学家共同参与了这一耗资达30亿美元的人类基因组计划。这一计划旨在为30多亿个碱基对构成的人类基因组精确测序，发现所有人类基因并搞清其在染色体上的位置，破译人类全部遗传信息。与曼哈顿原子弹计划和阿波罗登月计划并称为三大科学计划。

2000年6月26日，参加人类基因组工程项目的美国、英国、法国、德国、日本和中国的6国科学家共同宣布，人类基因组草图的绘制工作已经完成。最终完成图要求测序所用的克隆能忠实地代表常染色体的基因组结构，序列错误率低于10^{-5}。95%常染色质区域被测序，每个Gap小于150kb。

美国和英国科学家2006年5月18日在英国《自然》杂志网络版上发表了人类最后一个染色体——1号染色体的基因测序。

在人体全部22对常染色体中，1号染色体包含基因数量最多，达3 141个，是平均水平的2倍，共有超过2.23亿个碱基对，破译难度也最大。一个由150名英国和美国科学家组成的团队历时10年，才完成了1号染色体的测序工作。

科学家不止一次宣布人类基因组计划完工，但推出的均不是全本，这一次杀青的"生命之书"更为精确，覆盖了人类基因组的99.99%。解读人体基因密码的"生命之书"宣告完成，历时16年的人类基因组计划书写完了最后一个章节。

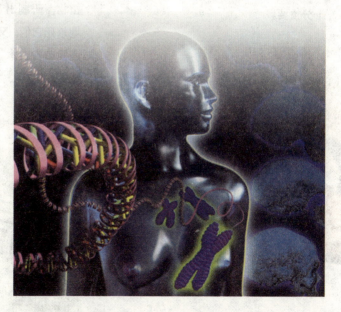

基因工程的应用 〉

• 生产领域

人们可以利用基因技术，生产转基因食品。例如，科学家可以把某种肉猪体内控制肉的生长的基因植入鸡体内，从而让鸡也获得快速增肥的能力。但是，转基因因为有高科技含量，吃了转基因食品中的外源基因后可能会改变人的遗传性状，比如吃了转基因猪肉会变得好动，喝了转基因牛奶后易患恋乳症等等。中科院的张启发院士认为："转基因技术为作物改良提供了新手段，同时也带来了潜在的风险。基因技术本身能够进行精确的分析和评估，从而有效地规避风险。对转基因技术的风险评估应以传统技术为参照。科学规范的管理可为转基因技术的利用提供安全保障。生命科学基础知识的科普和公众教育十分重要。"

• 军事领域

生物武器已经使用了很长的时间。细菌、毒气都令人谈之色变。但是，现在传说中的基因武器却更加令人胆寒。

• 环境保护

我们可以针对一些破坏生态平衡的动植物，研制出专门的基因药物，既能高效地杀死它们，又不会对其他生物造成影响，还能节省成本。例如一直危害我国淡水区域的水葫芦，如果有一种基因产品能够高效杀灭的话，那每年就可以节省几十亿元了。科学是一把双刃剑，基因工程也不例

外。我们要发挥基因工程中能造福人类的部分，抑制它的害处。

• 医疗方面

随着人类对基因研究的不断深入，发现许多疾病是由于基因结构与功能发生改变所引起的。科学家将不仅能发现有缺陷的基因，而且还能掌握如何进行基因诊断、修复、治疗和预防，这是生物技术发展的前沿。这项成果将给人类的健康和生活带来不可估量的利益。所谓基因治疗是指用基因工程的技术方法，将正常的基因

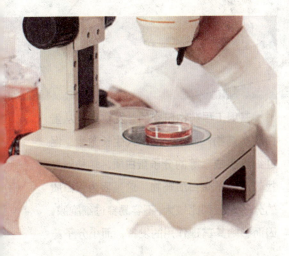

转入患者的细胞中，以取代病变基因，从而表达所缺乏的产物，或者通过关闭或降低异常表达的基因等途径，达到治疗某些遗传病的目的。目前，已发现的遗传病有 6 500 多种，其中由单基因缺陷引起的就有 3 000 多种。因此，遗传病是基因治疗的主要对象。第一例基因治疗是美国在

1990 年进行的。当时，一个 4 岁和一个 9 岁的小女孩由于体内腺苷脱氨酶缺乏而患了严重的联合免疫缺陷症。科学家对她们进行了基因治疗并取得了成功。这一开创性的工作标志着基因治疗已经从实验研究过渡到临床实验。1991 年，我国首例 B 型血友病的基因治疗临床实验也获得了成功。

基因治疗的最新进展是将基因枪技术应用于基因治疗。其方法是将特定的 DNA 用改进的基因枪技术导入小鼠的肌肉、肝脏、脾、肠道和皮肤获得成功的表达。这一成功预示着人们未来可能利用基因枪传送药物到人体内的特定部位，以取代传统的接种疫苗，并用基因枪技术来治疗遗传病。

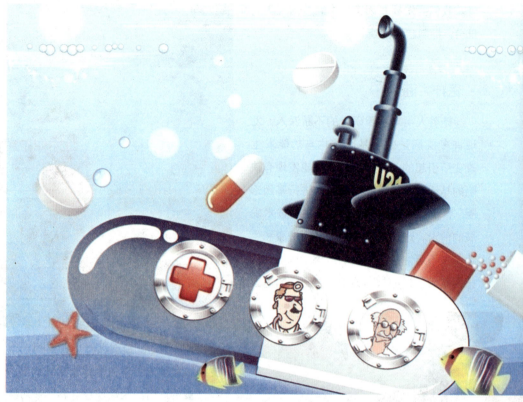

目前，科学家们正在研究的是胎儿基因疗法。如果现在的实验疗效得到进一步确证的话，就有可能将胎儿基因疗法扩大到其他遗传病，以防止患遗传病症的新生儿出生，从而从根本上提高后代的健康水平。

基因工程药物研究的开发重点是从蛋白质类药物，如胰岛素、人生长激素、促红细胞生成素等的分子蛋白质，转移到寻找较小分子蛋白质药物。这是因为蛋白质的分子一般都比较大，不容易穿过细胞膜，因而影响其药理作用的发挥，而小分子药

● 基因工程药物

基因工程药物，是重组 DNA 的表达产物。广义地说，凡是在药物生产过程中涉及用基因工程的，都可以成为基因工程药物。在这方面的研究具有十分诱人的前景。

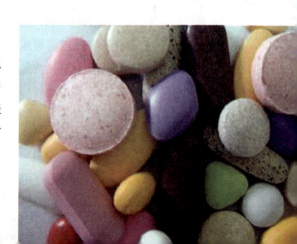

物在这方面就具有明显的优越性。另一方面对疾病的治疗思路也开阔了，从单纯的用药发展到用基因工程技术或基因本身作为治疗手段。

现在，还有一个需要引起大家注意的问题，就是许多过去被征服的传染病，由于细菌产生了耐药性，又卷土重来。其中最值得引起注意的是结核病。据世界卫生组织报道，现已出现全球肺结核病危机。本来即将被消灭的结核病又死灰复燃，而且出现了多种耐药结核病。据统计，全世界现有 17.22 亿人感染了结核病菌，每年有 900 万新结核病人，约 300 万人死于结核病，相当于每 10 秒钟就有 1 人死于结核病。科学家还指出，在今后的一段时间里，会有数以百计的感染细菌性疾病的人无药可治，同时病毒性疾病日益增多，防不胜防。不过与此同时，科学家们也探索了对付的办法，他们在人体、昆虫和植物种子中找到一些小分子的抗微生物多肽，它们的平均分子量小于 4 000，仅有 30 多个氨基酸，具有强烈的广谱杀伤病原微生物的活力，对细菌、病菌、真菌等病原微生物能产生较强的杀伤作用，有可能成为新一代的"超级抗生素"。除了用它来开发新的抗生素外，这类小分子多肽还可以在农业上用于培育抗病作物的新品种。

• 加快农作物的培育

科学家们在利用基因工程技术改良农

作物方面已取得重大进展，一场新的绿色革命近在眼前。这场新的绿色革命的一个显著特点就是生物技术、农业、食品和医药行业将融合到一起。

20世纪五六十年代，由于杂交品种推广、化肥使用量增加以及灌溉面积的扩大，农作物产量成倍提高，这就是大家所说的"绿色革命"。但一些研究人员认为，这些方法目前已很难再使农作物产量有进一步的大幅度提高。

基因技术的突破使科学家们得以用传统育种专家难以想象的方式改良农作物。例如，基因技术可以使农作物自己释放出杀虫剂，可以使农作物种植在旱地或盐碱地上，或者生产出营养更丰富的食品。科学家们还在开发可以生产出能够防病的疫苗和食品的农作物。基因技术也使开发农作物新品种的时间大为缩短。利用传统的育种方法，需要七八年时间才能培育出一个新的植物品种，基因工程技术使研究人员可以将任何一种基因注入到一种植物中，从而培育出一种全新的农作物品种，时间则缩短一半。

尽管还有不少人、特别是欧洲国家消费者对转基因农产品心存疑虑，但是专家们指出，利用基因工程改良农作

物已势在必行。这首先是由于全球人口的压力不断增加。专家们估计，今后40年内，全球的人口将比目前增加一半，为此，粮食产量需求增加75%。另外，人口的老龄化对医疗系统的压力不断增加，开发可以增强人体健康的食品十分必要。

加快农作物新品种的培育也是第三世界发展中国家发展生物技术的一个共同目标，我国的农业生物技术的研究与应用已经广泛开展，并已取得显著效益。

· 分子进化工程的研究

分子进化工程是继蛋白质工程之后的第三代基因工程。它通过在试管里对以核酸为主的多分子体系施以选择的压力，模拟自然中生物进化历程，以达到创造新基因、新蛋白质的目的。

这需要3个步骤，即扩增、突变和选择。扩增是使所提取的遗传信息DNA片段分子获得大量的拷贝；突变是在基因水平上施加压力，使DNA片段上的碱基发生变异，这种变异为选择和进化提供原料；选择是在表型水平上通过适者生存、不适者淘汰的方式固定变异。这3个过程紧密相连缺一不可。

现在，科学家已应用此方法，通过试管里的定向进化，获得了能抑制凝血酶活性的DNA分子，这类DNA具有抗凝血作用，它有可能代替溶解血栓的蛋白质药物，来治疗心肌梗死、脑血栓等疾病。

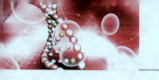

新一代身份证——基因身份证 ＞

基因身份证和普通身份证在外形和基本内容上没有多大差异，主要差异在身份证号码，原来的身份证号码是由表示区域、出生日期、性别等特征的数字组成。而基因身份证主要是利用现在国内外已经非常成熟的DNA指纹技术，选取若干个固定的基因位点进行鉴定。基因是固有的不变的遗传标记，由小孩从父母那里继承而来，只需选取若干个位点就可以鉴定出来。基因身份证的号码是

由多个能够表示这些基因位点特征的数据来表示，这些选出来的基因位点的组合具有唯一性。

有人担心基因身份证可能会泄露基因隐私，甚至被坏人利用。其实，基因身份证只是显露了能够表现基因位点的个体特征，这些位点虽然可以表明两个个体之间的亲缘关系，但是不能说明个体

与功能有关（如健康状况）的基因信息，所以这些位点数据仅仅是另一种更完善的身份证号码而已，也就不存在泄露隐私的问题了。

特点：基因是包含着一个人所有遗传信息的片段，与生俱有，并终身保持不变。这种遗传信息蕴含在人的骨骼、毛发、血液等所有人体组织或器官中。近年来已开发出多种遗传标记用于个体识别。其中短串联重复序列（Short Tandem Repeat，STR）由于检测方法简便、快速、准确度高、扩增片段大小适中，目前已发展为各法医学实验室最主要的个体识别检测标记。

在含有国际标准的13个核心STR位点进行DNA检测，综合这些位点信息，人的个体识别率已超过千亿分之一，即1 000亿人之间不会有两个个体的STR基

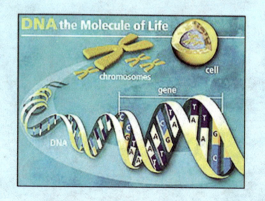

因型发生重复,完全可以进行个人同一认定。

应用:在遭遇意外事故、失散、财产继承、试管婴儿、骨髓移植、克隆器官或克隆生命体等原因引起的需要进行个体识别和亲权鉴定中,基因身份证将发挥至关重要的作用。

基因身份证拥有者:2001年2月9日下

午,全国首张基因"身份证"在四川大学华西法医学院物证教研室诞生。这张身份证的主人名叫龙威,男性,2000年6月30日出生。在湖北又产生了我国第二张基因身份证,湖北的基因身份证选取了19

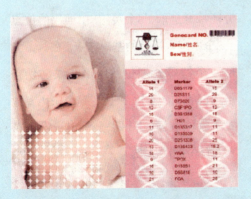

个基因位点,其中18个为国际通用位点,另外1个为性别位点。随着基因身份证的逐渐推广,在不久的将来,基因身份证有望取代现在通用的身份证,但是一些设施的配套还是需要一定时间的,主要的任务是基因数据库建立和基因身份证全国网络识别系统的建立,还有基因位点的选取标准还需要进一步探讨,以便规范身份证号码,避免误差的产生。

目前,制作一张"基因身份证"的费用在500~600元左右,而随着技术的完善,费用还可能下降。而且基因身份证的制作程序特别简单,新生儿可以取脐带血,小孩则可以用棉签蘸取他口腔内的表皮细胞,一般一周就可以完成。

不光人可以拥有基因身份证,动物也可以有,尤其是受保护的珍稀野生动物,基因身份证更有利于它们受到人们的保护。2001年2月22日,78只野生大熊猫的基因身份证在浙江大学制作完成。大

熊猫的户籍管理将从此进入更为科学的基因时代。大熊猫的基因身份证由两部分构成：一是约定俗成的数字码，由地域码、保护区代码、个体代码等共同构成。另一个是由代表每只大熊猫的性别和个体特征的基因条形码构成。

外观：彩色的基因身份证，长约25厘米、宽约15厘米。材料为质地较好的彩印

纸，可以塑封以便保存。身份证左上方是一张用数码相机拍摄的身份证持有人的照片，下方是出生日期、本人的姓名。在身份证的右上方是一个在国内很少运用的性别基因（女性都显示00，而每个男性的都不同）。下面登记的是血型。

这张身份证的重点在于10个数字表明的基因位点。为了与国际接轨，基因身份证特意选取了8个美国FBI通用的位点及2个中国人特有的基因位点。在其下方是一个特殊处理过的DNA指纹防伪条码，在特殊的药水浸泡后，这个条码专业人士就能看懂，并可以显示出身份证持有人身份的DNA带。

优越性：主要表现在人体器官移

植、输血、耐药基因和干细胞移植的认定等方面。当人们需要供体器官和骨髓移植时，可以对照基因身份证寻找，尤其是中国目前正在建立人类基因库，到时医生可以从基因库中迅速找到组织配型相同的器官、血液或细胞，以最快的速度救助病人。如果在婚前拥有基因身份证，就如同做了更全面的婚前检查，可以避免几乎所有遗传性疾病的发生，在家族性疾病的研究、亲子鉴定、血缘族谱的寻找确认等方面，基因身份证更是具有广阔的应用空间。

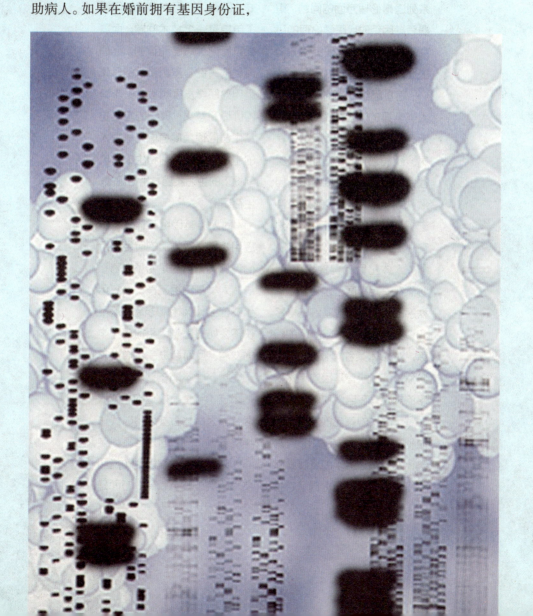

基因伦理不容忽视

当前，生命科学研究已进入后基因组时代，基因组工程技术在临床的应用必然导致一系列道德伦理方面的问题，重视后基因组时代医学伦理的研究，对人类基因组研究和人类的健康都具有重要的意义。

后基因组时代的医学利用人类掌握的调控生命的"基因钥匙"，将基因技术运用于疾病诊断和治疗，在造福于人类社会的同时，将直接带来对自然秩序和社会秩序的双重冲击：人体是自然存在物，必然在一定程度上受自然秩序的支配。人体基因的剪接和重组，必然在一定程度上也受到自然秩序的支配。通过基因的剪接和重组，对人体缺陷基因的剔除，对人体某种素质的强化，必然打乱了原有基因的自然秩序的规定，在自然秩序的模板上留下了人的意志的痕迹；同时对社会秩序也带来巨大影响，人类基因组学的发展必然带来基因专利、基因隐私、基因歧视、基因技术滥用、基因技术经济等社会问题，实验室制造生命将冲击人类性繁殖方式。因此，基因技术的应用绝不单单是一个技术问题，而需要进行伦理思考和评判，伦理评判的关键是基因技术的具体运用对医学发展和社会进步有何价值和意义，评判的基础是从生命伦理角度考虑在尊重人的生命、生存权利和生命价值前提下的生活质量、生命健康、生存环境、人生价值。

对人类基因组工程技术的应用特别是医学上的应用进行伦理评判，目的是为了规范和协调人类基因组工程技术应用引发的道德风险和矛盾，这不仅不会妨碍后基因组时代医学的发展，反而会进一步增进关于医学科学本质的认识，揭示基因技术与生命伦理的相互依存性。因此，后基因组时代医学的发展，一方面是自然科学问题，依赖于对基因组功能和技术研究的深入；另一方面是社会科学问题，依赖于基因伦理学的研究和发展，并在确保人类基因组工程技术应用的安全性上发挥伦理评判作用。

后基因组时代的医学将会使一些"不治之症"成为可治之症，一些难治之症将有新的疗法，一些可治之症的疗效将会明显提高。但后基因组时代医学的发展不能脱离和替代基因伦理的研究。相对来说，基因伦理是一种弱势文化，对基因工程的哲学伦理思考和价值判断为内容的基因伦理学作为生命伦理学的一个分支学科至今还处于萌芽状态，相应的理论体系还没有建立起来。因此要注意防止以为后基因组时代医学发展不需要基因伦理的关照，或是后基因组时代医学发展了，基因伦理自然也就发展了的观念。其中很重要的一方面是不能把基因伦理问题简单地归结为基因工程技术自身产生，同时也是自身可以解决的技术问题。

基因伦理与基因工程两者之间联系紧密，所以不能脱离基因工程技术发展的实际，而将基因伦理的某些结论强加于生物科学家头上。实际上近年来的关于生命伦理的思考，都是由现代生命技术发展和应用引发科学与伦理的矛盾而引起的。围绕现代生殖技术、克隆技术、干细胞技术以及人类基因组工程技术的应用先后都展开了关于涉及人类基本生存方式和生命意义的伦理道德关系方面的激烈争论。要坚持正确的价值准则，从根本上说就是保障和维护人类自身的健康和尊严，不仅要审视个人的利益，还要关注家庭、群体、社会的意义，既要考虑现实的利益，还要为将来的利益着想，结合生存伦理、生态伦理、经济伦理，在考虑技术上变为"可能"时，还应考虑伦理上是否"应该"的问题。生命科学向纵深迈进，既可以创造生命奇迹，也可能制造人类灾难。只要有很小的失误，就会将人类制造的武器对准人类自己，造成人类生存新的危机。

转基因食品——能不能吃 〉

转基因食品是指利用基因工程(转基因)技术在物种基因组中嵌入了(非同种)外源基因的食品,包括转基因植物食品、转基因动物食品和转基因微生物食品。转基因作为一种新兴的生物技术手段,它的不成熟和不确定性,必然使得转基因食品的安全性成为人们关注的焦点。

从世界上最早的转基因作物(烟草)于1983年诞生,到美国孟山都公司研制的延熟保鲜转基因西红柿1994年在美国批准上市,转基因食品的研发迅猛发展,产品品种及产量也成倍增长,有关转基因食品的问题日渐凸显。

其实,转基因的基本原理也不难理解,它与常规杂交育种有相似之处。杂交是将整条的基因链(染色体)转移,而转基因是选取最有用的一小段基因转移。因此,转基因比杂交具有更高的选择性。

也就是说,通过基因工程手段将一

种或几种外源性基因转移至某种生物体(动、植物和微生物),并使其有效表达出相应的产物(多肽或蛋白质),将这样的生物体作为食品或以其为原料加工生产食品。

为了提高农产品营养价值,更快、更高效地生产食品,科学家们应用转基因的方法,改变生物的遗传信息,拼组新基因,不断生产新的转基因食品,使今后的农作物具有高营养、耐贮藏、抗病虫和抗除草剂的能力。

植物性转基因食品很多。例如，面包生产需要高蛋白质含量的小麦，而目前的小麦品种含蛋白质较低，将高效表达的蛋白基因转入小麦，将会使做成的面包具有更好的焙烤性能。

番茄是一种营养丰富、经济价值很高的果蔬，但它不耐贮藏。为了解决番茄这类果实的贮藏问题，研究者发现，控制植物衰老激素乙烯合成的酶基因，是导致植物衰老的重要基因，如果能够利用基因工程的方法抑制这个基因的表达，那么衰老激素乙烯的生物合成就会得到控制，番茄也就不会容易变软和腐烂了。美国、中国等国家的多位科学家经过努力，已培育出了这样的番茄新品种。这种番茄抗衰老、抗软化、耐贮藏、能长途运输，可减少加工生产及运输中的浪费。

动物性转基因食品也有很多种类。比如，牛体内转入了人的基因，牛长大后产生的牛乳中含有基因药物，提取后可用于人类病症的治疗。在猪的基因组中转入人的生长素基因，猪的生长速度增加了一倍，猪肉质量大大提高，现在这样的猪肉已在澳大利亚被请上了餐桌。

微生物是转基因最常用的转化材料，转基因微生物比较容易培育，应用也最广泛。例如，生产奶酪的凝乳酶，以往只能从杀死的小牛的胃中才能取出，现在利用转基因微生物已能够使凝乳酶在体外大量产生，避免了小牛的无辜死亡，也降低了生产成本。科学家利用生物遗传工程，将普通的蔬菜、水果、粮食等农作物，变成能预防疾病的神奇的"疫苗食品"。科学家培育出了一种能预防霍乱的苜蓿植物。用这种苜蓿来喂小白鼠，能使小白鼠的抗病能力大大增强。而且这种霍乱抗原体，能经受胃酸的腐蚀而不被破坏，并能激发人体对霍乱的免疫能力。于是，越来越多的抗病基因被转入植物，使人们在品尝鲜果美味的同时达到防病治病的目的。

转基因食品的利弊 >

转基因食品有较多的优点：可增加作物单位面积产量；可以降低生产成本；通过转基因技术可增强作物抗虫害、抗病毒等能力；提高农产品的耐贮性，延长保鲜期；可使农作物开发的时间大为缩短；可以摆脱季节、气候的影响，四季低成本供应；打破物种界限，不断培植新物种，生产出有利于人类健康的食品。

转基因食品也有缺点：所谓的增产是不受环境影响的情况下得出的，如果遇到雨雪等自然灾害，也有可能减产更厉害。且多项研究表明，转基因食品对哺乳动物的免疫功能有损害。更有研究表明，试验用仓鼠食用了转基因食品后，到其第三代就绝种了。

毒性问题：一些研究学者认为，对于基因的人工提炼和添加，可能在达到某些人们想达到的效果的同时，也增加和积聚了食物中原有的微量毒素。

过敏反应：对于一种食物过敏的人有时还会对一种以前他们不过敏的食物产生过敏，比如：科学家将玉米的某一段基因加入到核桃、小麦和贝类动物的基因中，蛋白质也随基因加了进去，那么，

以前吃玉米过敏的人就可能对这些核桃、小麦和贝类食品过敏。

营养问题：科学家们认为外来基因会以一种人们还不甚了解的方式破坏食物中的营养成分。

对抗生素的抵抗：当科学家把一个外来基因加入到植物或细菌中去，这个基因会与别的基因连接在一起。人们在服用了这种改良食物后，食物会在人体内将抗药性基因传给致病的细菌，使人体产生抗药性。

威胁环境：在许多基因改良品种中包含有从杆菌中提取出来的细菌基因，这种基因会产生一种对昆虫和害虫有毒

的蛋白质。在一次实验室研究中，一种蝴蝶的幼虫在吃了含杆菌基因的马利筋属植物的花粉之后，产生了死亡或不正常发

育的现象，这引起了生态学家们的另一种担心，那些不在改良范围之内的其他物种有可能成为改良物种的受害者。

最后，生物学家们担心为了培养一些更具优良特性，比如说具有更强的抗病虫害能力和抗旱能力等，而对农作物进

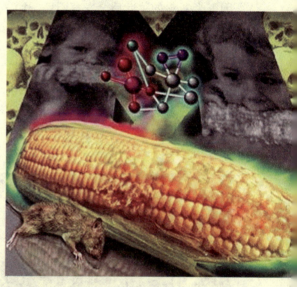

行的改良，其特性很可能会通过花粉等媒介传播给野生物种。

安全性：转基因食品是利用新技术创造的产品，也是一种新生事物，人们自然对食用转基因食品的安全性有疑问。其实，最早提出这个问题的人是英国的阿伯丁罗特研究所的普庇泰教授。1998年，他在研究中发现，幼鼠食用转基因土豆后，会使内脏和免疫系统受损。这引起

了科学界的极大关注。随即，英国皇家学会对这份报告进行了审查，于1999年5月宣布此项研究"充满漏洞"。1999年英国的权威科学杂志《自然》刊登了美国康乃尔大学教授约翰·罗西的一篇论文，指出蝴蝶幼虫等田间益虫吃了撒有某种转基因玉米花粉的菜叶后会发育不良，死亡率特别高。目前尚有一些证据指出转基因食品潜在的危险。

但更多的科学家的实验表明转基因食品是安全的。赞同这个观点的科学家主要有以下几个理由。首先，任何一种转基因食品在上市之前都进行了大量的科学实验，国家和政府有相关的法律法规进行约束，而科学家们也都抱有严谨的治学态度。另外，传统的作物在种植的时候农民会使用农药来保证质量，而有些抗病虫的转基因食品无需喷洒农药。还有，一种食品会不会造成中毒主要是看它在人体内有没有受体和能不能被代谢掉，转化的基因是经过筛选的、作用是明确的，所以转基因成分不会在人体内积累，也就不会有害。

比如说，我们培育的一种抗虫玉米，

向玉米中转入的是一种来自于苏云金杆菌的基因，它仅能导致鳞翅目昆虫死亡，因为只有鳞翅目昆虫有这种基因编码的蛋白质的特异受体，而人类及其他动物、昆虫均没有这样的受体，所以无毒害作用。

1993年，经合组织（OECD）首次提出了转基因食品的评价原则——"实质等同"的原则，即：如果对转基因食品各种主要营养成分、主要抗营养物质、毒性物质及过敏性成分等物质的种类与含量进行分析测定，与同类传统食品无差异，则认为两者具有实质等同性，不存在安全性问题；如果无实质等同性，需逐条进行安全性评价。

 神奇的DNA——亲子鉴定

由于人类基因具有唯一性（双胞胎除外），目前法医学上用途最广的方面就是个体识别和亲子鉴定。

根据DNA可以断定两代人之间的亲缘关系，因为一个孩子总是分别从父亲和母亲身上接受一半基因物质的。科学家们还把DNA研究的目标放在确定导致人们生病的基因起源方面，以便将来更好地认识、治疗和预防危害人类健康的各种疾病。

在法医学上，STR位点和单核苷酸（SNP）位点检测分别是第二代、第三代DNA分析技术的核心，是继RFLPs（限制性片段长度多态性）、VNTRs（可变数量串联重复序列多态性）研究而发展起来的检测技术。作为最前沿的刑事生物技术，DNA分析为法医物证检验提供了科学、可靠和快捷的手段，使物证鉴定从个体排除过渡到了可以作同一认定的水平，DNA检验能直接认定犯罪，为凶杀案、强奸杀人案、碎尸案、强奸致孕案等重大疑难案件的侦破提供准确可靠的依据。随着DNA技术的发展和应用，DNA标志系统的检测将成为破案的重要手段和途径。此方法作为亲子鉴定已经非常成熟了，也是国际上公认的最好的一种方法。

鉴定亲子关系目前用得最多的是 DNA 分型鉴定。人的血液、毛发、唾液、口腔细胞等都可以用于亲子鉴定，十分方便。

一个人有 23 对（46 条）染色体，同一对染色体同一位置上的一对基因称为等位基因，一般一个来自父亲，一个来自母亲。如果检测到某个 DNA 位点的等位基因，一个与母亲相同，另一个就应与父亲相同，否则就存在疑问了。

利用 DNA 进行亲子鉴定，只要作十几至几十个 DNA 位点的检测，如果全部一样，就可以确定亲子关系，如果有 3 个以上的位点不同，则可排除亲子关系，有一两个位点不同，则应考虑基因突变的可能，加做一些位点的检测进行辨别。DNA 亲子鉴定，否定亲子关系的准确率几近 100%，肯定亲子关系的准确率可达到 99.99%。

通过遗传标记的检验与分析来判断父母与子女是否亲生关系，称之为亲子试验或亲子鉴定。DNA 是人体遗传的基本载体，人类的染色体是由 DNA 构成的，每个人体细胞有 23 对（46条）成对的染色体，其分别来自父亲和母

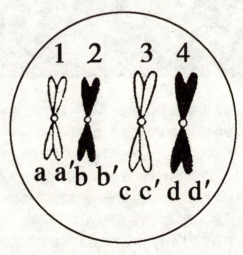

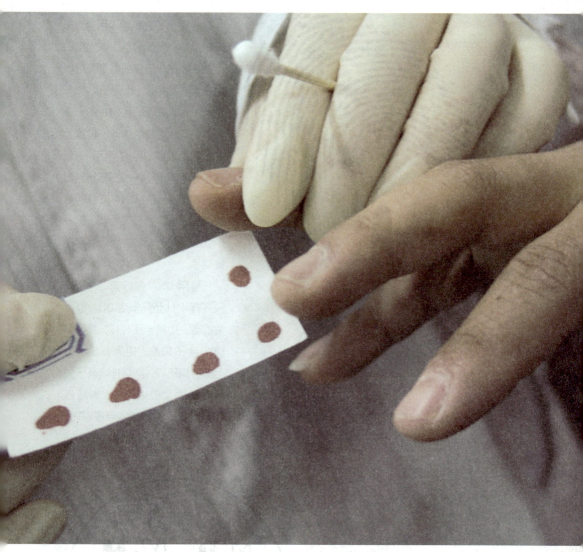

亲。夫妻之间各自提供的 23 条染色体，在受精后相互配对，构成了 23 对（46 条）孩子的染色体。如此循环往复构成生命的延续。

由于人体约有 30 亿个核苷酸构成整个染色体系统，而且在生殖细胞形成前的互换和组合是随机的，所以世界上没有任何两个人具有完全相同的 30 亿个核苷酸的组成序列，

这就是人的遗传多态性。尽管遗传多态性的存在，但每一个人的染色体必然也只能来自其父母，这就是 DNA 亲子鉴定的理论基础。

传统的血清方法能检测红细胞血型、白细胞血型、血清型和红细胞酶型等，这些遗传学标志为蛋白质（包括糖蛋白）或多肽，容易失活而导致检材得不到理想的检验结

果。此外,这些遗传标志均为基因编码的产物,多态信息含量有限,不能反映 DNA 编码区的多态性,且这些遗传标志存在生理性、病理性变异,如 A 型、O 型血的人受大肠杆菌感染后,B 抗原可能呈阳性。因此,其应用价值有限。

DNA 检验可弥补血清学方法的不足,故受到了法医物证学工作者的高度关注,近几年来,人类基因组研究的进展日新月异,而分子生物学技术也不断完善,随着基因组研究向各学科的不断渗透,这些学科的进展达到了前所未有的高度。

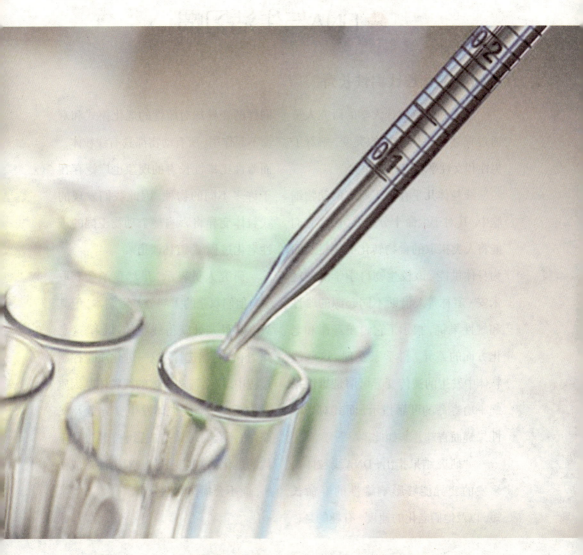

● DNA与生活习惯

基因决定女性比男性长寿 ＞

澳大利亚莫纳什大学的研究人员通过描述线粒体DNA的突变，解释了男性和女性平均寿命的差异。

线粒体几乎存在于所有的动物细胞中，其对于生命十分重要，因为它们能将人类摄取的食物转化成能量从而为身体供能。该校生物科学学院的达米安·道林等人借助不同起源的雌性和雄性果蝇，揭示了它们在寿命和老化方面的差异。科学家发现，这些线粒体中发生的遗传变异可谓是雄性果蝇平均寿命的可靠指示，而其对于雌性果蝇而言却并非如此。

"研究结果指出，DNA线粒体内多发的变异能够影响雄性的寿命长短，以及他们老化的速度。有趣的是，同样的变异却对雌性的老化模式和寿命不起作用。所有动物都具有线粒体，而雌性比雄性长寿的现象也广泛存在于许多不同的物种，因此我们发现的线粒体变异将影响整个动物王国的雄性老化过程。"道林谈道。

研究人员表示，虽然孩子会获取源自他们双亲的大部分基因副本，但其只会从母亲处获得线粒体基因。这意味着在"自然选择"这一进化质量控制过程中，仅会筛选母体的线粒体基因质量。如果一个线粒体发生变异危及父亲，则不会对母亲造成影响。经过数千代的进化，这些变异只会对男性造成伤害，而不会损伤女性分毫。

基因揭开运动员天赋之谜 >

2012年8月7日，英国海德公园上演了奥运会男子"铁人"争夺战，英国"铁人"

布朗利兄弟以惊人的耐力和体能摘得金牌和铜牌。举重女子48公斤级比赛，日本选手三宅宏实获得银牌，三宅来自日本举重世家，她的父亲三宅义行曾在奥运会上夺得铜牌，伯父三宅义信参加过4届奥运会，取得了2金1银的成绩，并6次获得世锦赛冠军。

这样的奥运"兄弟兵"并不少见，或许这仅仅是巧合。但也有专家认为，运动选手身上看不见的特殊基因在竞技中发挥着不可小觑的作用。

目前，科学家们已经证实，20多种基因变异与运动能力有关。

1960年美国斯阔谷冬季奥运会上，芬兰运动员埃罗·门蒂兰塔获得金牌。号称拥有"运动员血液"的他参加过4届冬奥会，共获7块奥运奖牌。有趣的是，门蒂兰塔几次在赛后血液检查中都被怀疑使用违禁药品，因为他血液中的红细胞数比其他运动员多出20%以上。

科学家在调查了门蒂兰塔家族多达200人的血液样本后发现，门蒂兰塔出生时体内就已经存在着红细胞生成素受体（EPOR）基因突变，使得他的携氧能力提升了25%~50%。这就意味着他的血液能够携带比普通人更多的氧气，从而使他在滑雪比赛中速度更快、耐力更持久。

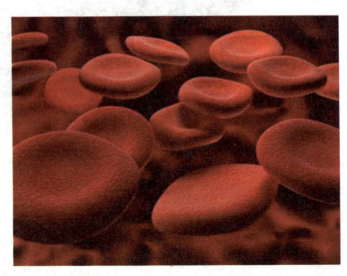

美国优越风险管理公司的主管Juan Enriquez和Steve Gullans指出,越来越多的证据表明,世界顶级运动员都或多或

少携带有一些特殊的"增强表现"的基因。例如,几乎每个接受测试的奥运会男性短跑选手体内都有577R等位基因——

ACTN3基因的变体。这种基因存在于85%的非洲人体内。

早在2005年,澳大利亚的一个研究小组就发现,ACTN3基因与人体肌肉的爆发力密切相关。他们调查了737名运动员后发现,普通运动员拥有ACTN3基因的比例为30%左右,参加奥运会并取得顶级运动成绩的爆发力项目,如短跑项目的运动员ACTN3基因的携带比例高达95%,特别是爆发力项目的女运动员中,这个基因携带的比例高达100%。

另一种名为血管紧张素转换酶(ACE)的基因则在人体有氧耐力素质方面起到关键作用。陕西师范大学教授熊正英指出,ACE基因主要影响人体的心肺功能,从而影响人体的有氧耐力素质。一项针对英国跑步运动员的研究发现,ACE基因变异在长跑运动员中最为普遍,更持久的耐力让他们有更好的成绩。

而优秀基因会对运动成绩产生怎样的影响?高水平运动员是由各种复杂因素

"锻造"而成的，解放军理工大学理学院的马继政在论文中表示，有两个关键因素限制高水平运动成绩：基因和环境。但是，奥运会胜利者和失败者之间的差异可能不能完全归因于生理的功能、生物化学的质量以及形态学的特征，那些超出生理学范畴的心理因素也会使运动员处于失败或胜利的边缘。

"毫无疑问，人类功能能力和生理过程存在最大的上限，个体的基因型最大的上限存在不同，何种程度的训练能够增加个体能力达到特定的水平，这一问题仍需要大量研究。"马继政说。

另一方面，随着科学家发现越来越多与运动能力有关的基因，奥运会组织

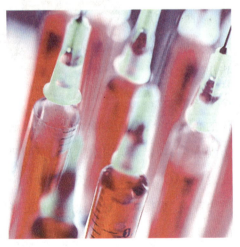

者不得不全力应付可能带来的影响。自2003年起，国际奥委会禁止使用基因兴奋剂。

Enriquez和Gullans提到，未来的奥运会可能会出现不同变化：继续成为那些天生拥有遗传优势的运动员的"舞台"，或利用让步赛来让那些天生并不具备优势基因的运动员获得更加公平的

竞争机会，或通过基因疗法让那些天生并不携带某些基因的运动员"升级"——但这种医学实践目前被禁止使用。

未来不得而知，但奥林匹克的传统一直在悄然变化，也许现在被视为不可思

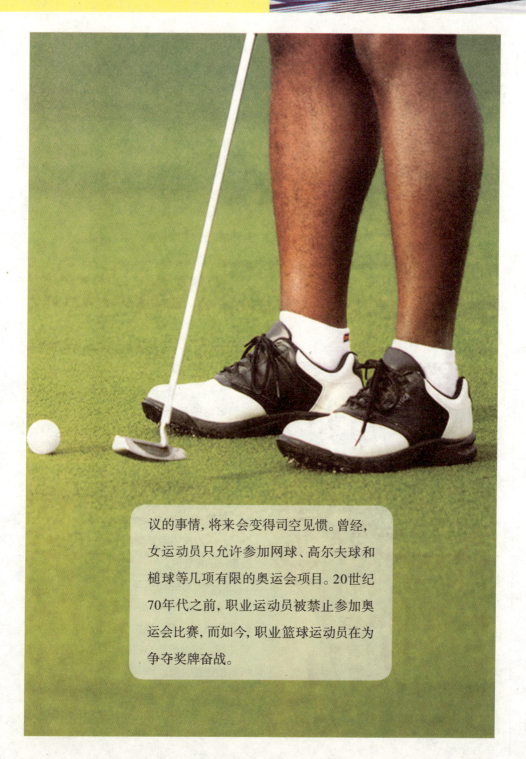

议的事情，将来会变得司空见惯。曾经，
女运动员只允许参加网球、高尔夫球和
槌球等几项有限的奥运会项目。20世纪
70年代之前，职业运动员被禁止参加奥
运会比赛，而如今，职业篮球运动员在为
争夺奖牌奋战。

> **你拥有企业家的DNA吗**

人格测试会告诉你，你应该为别人打工，还是现在就开始筹措资金创立公司。

你拥有企业家的 DNA 吗？来看看吧。

这项包含 31 个问题的测试——改编自托马斯·哈里森撰写的《直觉：利用你的企业家 DNA 达成商业目标》一书中的"企业家人格测试"——基于美国老龄化研究所的小保罗·科斯塔和罗伯特·麦克科雷于 1985 年发明且被广泛使用的五因素人格模型。

这 5 个因素是：经验开放性、责任心、外倾性、随和性以及神经质——这五大因素的首字母缩写为 OCEAN（在英语中为"海洋"之意）。

这项测试通过检测每一个因素所包含的 6 个二级特征来评估上述五大人格因素。

这些问题都是从哈里森对几百名成功企业家的采访中挑选出来的具有假设性情景的问题。每一个问题的答案都从一定程度上显示了你的企业家倾向，不过有些答案是中立性质的（也就说是，不能反映某个人的企业家天性的强弱）。

一些特定问题所占的比重大于其他问题——比如，与执行力相关的问题；执行力是每一个企业家所必须具备的品质。

没有一个问题，或者说是没有一连串相关问题能够全面评估一个人的企业家人格。

事实上，各种特质的组合——以及如何管理好这些特质——才是企业家成功的关键。这就是为什么需要完整回答全部的 31 个问题之后，我们才能真正评估出你的总体企业家人格。

以下是有关五大因素的详细情况：

经验开放性（Openness to Experience）

人格的这一因素衡量的是你对新经验和新想法的接受度。

如果你对经验抱有开放态度，那你就会倾向于创意性思维、乐于尝试新鲜事物且拥有多种兴趣爱好。通常情况下，你希望学习新知识，能意识到自己的情绪，并愿意重新核实想法和信念。

如果你对经验不抱有开放态度，那么你可能倾向于专注眼前的、具体的和常规的事物。你会对传统的、常规的和熟悉的事物感觉更自在，而不是质疑现状。你可能不喜欢模棱两可，而更喜欢坚持数量不多却定义明确的兴趣爱好。对于你认为缺乏实用性或与现实世界联系不大的事物，你常常会失去耐心。

许多企业家都展现出很高的开放度，这能帮助他们发现新机遇和其他成事的方法。

不过，开放度不高并不一定就是坏事。当执行规章制度或追寻定义明确的特定目标时——如推出新产品，这种品质就非常有价值。

责任心（Conscientiousness）

这一因素能够展现你为达成目标进行计划并克制冲动的能力。

有高度责任心意味着你了解自己达成目标、控制命运的能力。你对别人的义务对你来说非常重要，而且你非常渴望获得成功和认可。多数情况下，你被认为是可以依赖的、

坚持的、谨慎的、倾向于有组织有条理的思考或行动的；你甚至可能是个完美主义者和工作狂。

如果你并不是那么有责任心，那你可能倾向于冲动行事，有时候甚至想也不想就行动。人们会认为你是即兴发挥的、灵活的、思想自由的；也是不能坚持的、散漫的和不可依赖的。你可能有长期目标，但疏于或不热衷于执行它们。你也可能容易被新的目标分散注意力，或者拖延实现目标所必须的步骤。

责任心不高的企业家必须提高自己的规划能力——或者找到合适的合作伙伴将一切纳入正轨。高责任心的企业家则应避

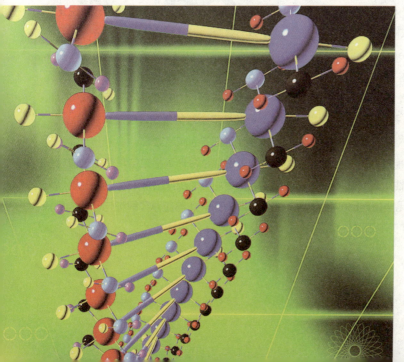

免不变通或太过受制于规章制度，以至于不能对变化着的外部环境作出反应。

外倾性（Extroversion）

这个因素评估的是你与他人进行互动和沟通时的自在程度。

如果你是一个外倾性的人，你可能天生善于拉家常。你坚定自信、充满活力、神采奕奕——"犹如派对般的生命"。你也可能非常享受忙碌，如果闲着没事，你会感到烦躁不安。总的来说，大部分时间中，你可能认为自己是一个相当快乐的人。你更喜欢平和宁静中的刺激，且很可能喜欢处于主导地位。

如果你的外倾性程度不高，那你很可能是低调的、安静的。不过，这并不表示你不喜欢与人亲近；你只是不需要那么多刺激，也不喜欢寻找刺激（尽管你可能会享受刺激）。当你进行社交活动时，你可能更喜欢小圈子。

外倾性对需要经常寻找资金或消费者的企业家来说显然是一种财富。外倾性得分较低的企业家要注意了，你们的含蓄很可能被别人误解为不友好或傲慢。

随和性（Agreeableness）

这一因素，以及对与他人进行合作、建立和谐关系并和睦相处的渴望与企业家的成功联系紧密，但这种联系非常微妙。

拥有这些品质的人往往深受他人的喜爱（这对需要别人帮助才能攻克某个难关时是个优势），但是如果随和性太高的话，也会使企业家不能顶住公众意见坚持自己的意见或作出可能牵扯到对峙或冲突的艰难决定。

神经质（Neuroticism）

这一因素非常重要。神经质衡量的是你面临生活压力时所表现出来的激烈及负面情绪。

高度神经质的人对问题的情感反应非常强烈，需要相当长的时间才能克服糟糕情绪、怒气或敌意。这些人经常感觉焦虑或抑郁，被认为是容易忧虑的人。

而与之相反的人虽然可能并不是每时每刻都感觉快乐或高兴，但他们偶尔感觉抑郁、焦虑或生气时，不会听任此类负面情绪泛滥。这种平静能赋予企业家一种优势，因为他们不会让困难和障碍拖累自己的情绪。

需要理解的一点是，以上特质都不是纯粹的优势。在不同的情况下，每种特质都可能有所帮助、帮倒忙或仅仅是无关紧要。并且，如果将每一种特质发挥至极限的话，都将出现问题。

例如，开放度很高但责任心不强可能意味着做事情容易半途而废——这对任何想要寻求创建公司并使之蓬勃发展的人来说是一个致命弱点。

随和的人可能会吸引许多消费者和合作伙伴，但因为无法相信自己的决策直觉而无功而返。神经质可能听起来很糟糕，然而，如果你从来不感觉焦虑、愤怒或抑郁，人们就会怀疑你的忠诚度。

关键点：将你人格之中具有企业家特质的方面尽可能地发挥出来，弥补自己的缺点。

所有的一切都应从了解你自己的人格开始。

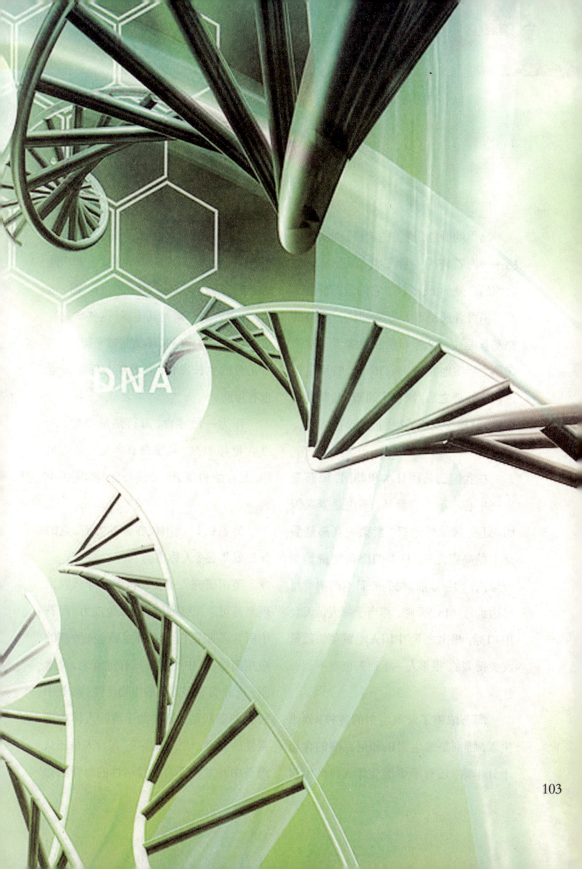

● DNA与营养学

多吃海苔增强免疫力 〉

乌黑的颜色，鲜美的味道，脆爽的口感……海苔作为一种零食，深受孩子和女性的喜爱。可是，对于它的营养价值，许多消费者还是不太清楚。其实，海苔的原料就是中国人平日所说的紫菜。紫菜烤熟之后质地脆嫩，入口即化，特别是经过调味处理之后，添加了油脂、盐和其他调料，就摇身变成了特别美味的"海苔"了。

在我们的邻居日本和韩国，海苔是家庭中必不可少的食品。不论是紫菜饭团，还是紫菜丝泡饭，紫菜一直都是餐桌上的亮点之一。日本的海苔消费量十分惊人，10年以前，海苔在日本的消费量已达到每年18.5万吨，相当于每人每天食用4.1克。相比之下，中国人吃紫菜的数量就少得多了，很多人一年到头也吃不到一片。

海苔浓缩了紫菜当中的各种B族维生素，特别是维生素B_2和尼克酸的含量十分丰富，还有不少维生素A和维生素E，以及少量的维生素C。海苔中含有15%左右的矿物质，其中有维持正常生理功能所必需的钾、钙、镁、磷、铁、锌、铜、锰等，其中含硒和碘尤其丰富，这些矿物质可以帮助人体维持机体的酸碱平衡，有利于儿童的生长发育，对老年人延缓衰老也有帮助。

作为一种零食，海苔热量很低，纤维含量却很高，几乎没有令人发胖的风险，是女性和孩子可以放心食用的美味小食。

海苔的好处不仅在营养方面，它的保健效果更令人称道。

英国研究人员在20世纪90年代就发现海苔可杀死癌细胞，增强免疫力。海苔中所含藻胆蛋白具有降血糖、抗肿瘤的应用前景，其中的多糖具有抗衰老、降血脂、抗肿瘤等多方面的生物活性。海苔中所含的藻朊酸，还有助于清除人体内带毒性的金属，如锶和镉等。医疗人员还从海苔中开发出具有独特活性的海洋药物

和保健食品,能有效预防神经老化,调节机体的新陈代谢。此外,海苔能预防和治疗消化性溃疡,延缓衰老,帮助女士保持皮肤的润滑健康。民间还有常让产后的妇女吃些紫菜的偏方,据说有明显的催乳效果。

海苔虽有种种好处,但脾胃虚寒、容易腹胀的人不宜多吃,因为中医认为紫菜味甘、咸,性寒。此外,需要控盐的人也要适当克制调味海苔的食用量,可以适当吃些没有调味的紫菜片。

海苔除了作为零食以外,还有很多吃法,如吃饭的时候,配一些切成小片的调味海苔,味道鲜美,增进食欲;调制凉菜和沙拉的时候,加一点海苔丝,可以当作调味品;拌馅的时候,可以加入海苔,然后制作饺子和包子等。

有疾病易感基因不能吃什么 ⟩

基因检测的目的是让我们在知道自身带有什么易感基因的前提下改变自己的生活方式,从而避免疾病的发生。

糖尿病易感基因:带有糖尿病易感基因的人群不能暴饮暴食,不能大量吃甜的,不能大量用葡萄糖,要控制肥胖、多运动、不要让自己长期处于紧张状态。

老年痴呆易感基因:不能大量吃粉丝等含明矾类的食物,不能吃用铝制锅烧的食物。

女性癌症易感基因:人不能大量服用维生素E、蛋白粉、花旗参、蜂胶、调激素类的药物。

红斑狼疮易感基因:不能服用提高免疫力的保健品,不宜过量吃羊肉、海鲜、芹菜等食物;不宜长时间照射紫外线,不能注射青霉素。

警！啤酒过量小心癌症缠身 〉

啤酒含有丰富的糖类、维生素、氨基酸、无机盐和多种微量元素等营养成分，称为"液体面包"，适量饮用，对增进食欲、促进消化和消除疲劳均有一定效果。但近年的医学研究发现，如果人们长期大量饮用啤酒，会对身体造成损害，专家称之为"啤酒病"。

啤酒喝多了可能会带来的7个困扰：

啤酒心：在酒类饮料中，啤酒的酒精含量最少，1升啤酒的酒精含量相当于50克白酒的酒精含量，所以许多人把啤酒当作消暑饮料。

但如果无节制地滥饮，体内累积的酒精就会损坏肝功能，增加肾脏的负担、

心肌组织也会出现脂肪细胞浸润，使心肌功能减弱，引起心动过速；加上过量液体使血循环量增多而增加心脏负担，致使心肌肥厚、心室体积扩大，形成"啤酒心"。长此以往可致心力衰竭、心律紊乱等。

啤酒肚：由于啤酒营养丰富、产热量大，长期大量饮用会造成体内脂肪堆积，致使大腹便便，形成"啤酒肚"。从而易

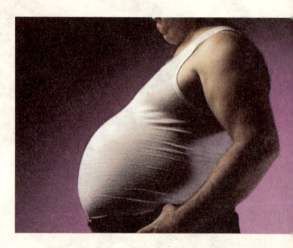

导致血脂、血压升高。

结石和痛风：有关资料还表明，萎缩性胃炎、泌尿系统结石等患者，大量饮用啤酒会导致旧病复发或加重病情。这是因为酿造啤酒的大麦芽汁中含有钙、草酸、乌核苷酸和嘌呤核苷酸等，它们相互作用，能使人体中的尿酸量增加一倍多，

不但促进胆肾结石形成，而且可诱发痛风症。

胃肠炎：大量饮用啤酒，使胃黏膜受损，造成胃炎和消化性溃疡，出现上腹不适、食欲不振、腹胀和泛酸等症状。

癌症：饮啤酒过量还会降低人体反应能力。美国癌症专家发现，大量饮啤酒的人患口腔癌和食管癌的危险性要比饮烈性酒的人高3倍。

铅中毒：啤酒酿造原料中含有铅，大量饮用后，血铅含量升高，使人智力下降，反应迟钝，严重者损害生殖系统；老年则易致老年性痴呆症。

合理饮用啤酒：适量适温。成人每次饮用量不宜超过300毫升（不足一易拉罐量），一天不超过500毫升（一瓶啤酒瓶量），每次饮用100~200毫升更为适宜。其次是适温。饮用啤酒最适宜的温度在12℃~15℃，此时酒更香。

维生素不能随时吃 留意三大最佳服用时间 ＞

如今，维生素补充剂已经成为大多数城市人的"补品"，不少人把这些小药片作为蔬菜、水果的替代品，想起来就吃上一片。其实，服用维生素类药和用其他药物一样，也有一定的时间要求。

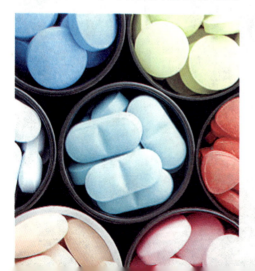

脂溶？水溶？

要说维生素的最佳服用时间，就要先弄清维生素的溶解性，你所服用的维生素是脂溶性的还是水溶性的？

水溶性的维生素包括：维生素(C、B)族、泛酸、叶酸等。

脂溶性的维生素包括：维生素（A、D、E、K），它们不溶于水，而溶于脂类及脂肪溶剂，随脂类吸收而吸收。

1次？3次？

水溶性的维生素，如果过量摄取的话，就只会通过排泄器官排出体外，还容易对肾脏造成负担。因此，最好的办法就

是将一天的所需量分成3次。

而脂溶性维生素，由于不会随着尿液而排出体外，所以一天内可一次将所需

量服用完毕。

饭前？饭后？

由于维生素的溶解性不同，所以导致它们的最佳服用时间不同。一般而言，脂溶性的维生素要在饭后服用。

人体在用餐后，胃肠的消化活动会趋于活跃，这十分有利于维生素的吸收，特别是脂溶性的维生素，通过餐后所摄取到的脂肪会协助肠胃，以达到对维生素最高的吸收率。含脂肪量越高的饮食，越有助于脂溶性维生素的吸收。如果平时饮食非常清淡，则可以以喝牛奶来协助吸收。而水溶性维生素对饮食没有很高的要求。

但需要说明的是，维生素C虽然是水溶性的，但也是适合在用餐后服用的维

111

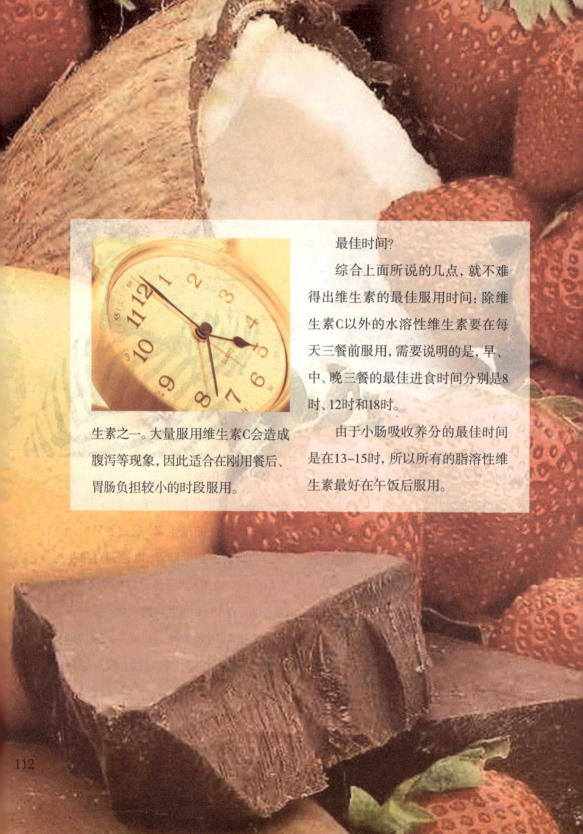

最佳时间?

综合上面所说的几点，就不难得出维生素的最佳服用时间：除维生素C以外的水溶性维生素要在每天三餐前服用，需要说明的是，早、中、晚三餐的最佳进食时间分别是8时、12时和18时。

由于小肠吸收养分的最佳时间是在13—15时，所以所有的脂溶性维生素最好在午饭后服用。

生素之一。大量服用维生素C会造成腹泻等现象，因此适合在刚用餐后、胃肠负担较小的时段服用。

● DNA与疾病

抑郁症与基因突变有关 >

　　科学家发现，基因变异与抑郁症倾向有关。美国杜克大学医疗中心的研究团队发现小鼠脑部有两种控制血清素含量的蛋白酶类型。

　　研究人员表示，人类可能也具有许多蛋白酶类型，这可以解释为什么有些人有抑郁症倾向，而有些人则无。

　　这篇研究报告发表于《Science》中，研究报告表明经由一个基因测试也许可以预测谁可能会受益于抑郁症治疗。血清素是脑部神经细胞之间信号传递的化学物质。这种化学物质的含量与许多疾病有关，包括抑郁症、创伤后压力症候群和注意力缺乏等。

　　科学家已发现了存在于脑中的蛋白酶Tph2与控制血清素有关。在这项最新的研究中，他们筛选小鼠脑部以寻找控制血清素的蛋白酶基因。他们惊讶地发现基因具有两种不同类型。这篇小鼠的研究结果将可以引领出对于这种蛋白酶的新观点，甚至利用药物加以控制，也许可以治疗人类的精神疾病。

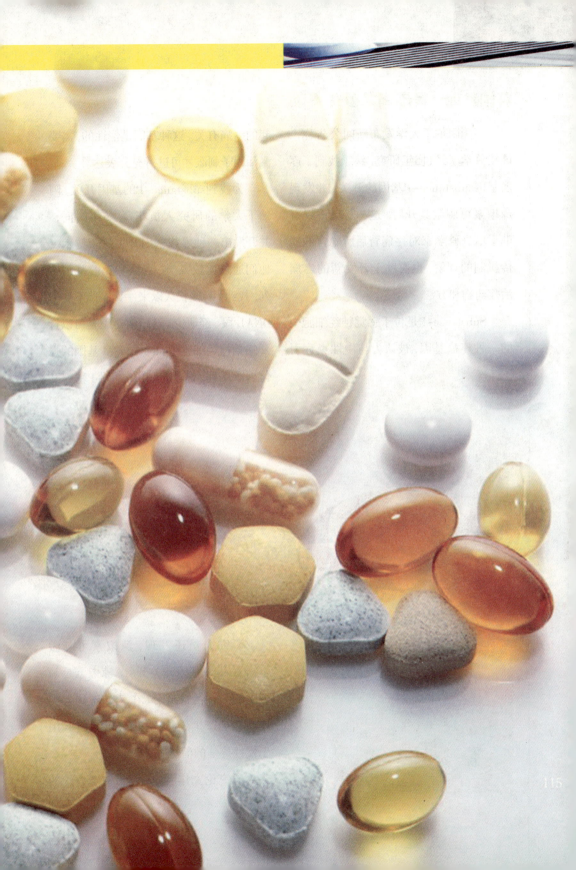

英国发现一种疼痛基因开关 〉

英国阿伯丁大学发布新闻公告称，该校科学家经过5年研究，终于找到了疼痛基因substance-P基因的开关，并发现辣椒素可刺激其开启。这一发现不仅有助于增进科学家对疼痛背后所隐含的遗传机制的理解，也有助于开发新的疼痛治疗药物和方法。

Substance-P是位于感觉神经细胞中的一种疼痛基因，被认为与慢性炎症引起的疼痛有关。这种基因是惰性的，需要激活因子刺激才可进行充分表达。

为找到substance-P的基因开关，阿伯丁大学的研究人员花费了5年时间，并开发出一种寻找基因开关的新技术。他们通过比较人类、老鼠和鸡的基因序列，找到了一段长久以来一直保持不变的DNA片段。经研究，这段DNA就是可以打开感觉神经细胞中substance-P基因的强化因子序列，也就是substance-P基因开关。

研究人员还发现，辣椒素可刺激substance-P基因开关开启。辣椒素是辣椒中的一种活性成分，在其触碰到人类体表时会产生灼热感，有不少人将其用于慢性疼痛的治疗。

研究论文作者之一、阿伯丁大学的

鲁思·罗斯教授指出，了解引发炎性疼痛的遗传过程，对于开发新的疼痛治疗方法十分必要。substance-P强化因子序列的发现，及其对辣椒素的反应，使得科学家对炎性疼痛的理解认识更进了一步。

该研究项目领导人阿拉斯代尔·麦肯齐博士则指出，88%的遗传疾病，如关节炎、肥胖症、抑郁症、心脏疾病和痴呆症等，可能会由基因开关缺陷引起，而非患者的基因缺陷造成。因此，发现substance-P基因开关，找出其作用机制，可大大加速以这些开关为标靶的新药开发。

117

基因与疾病的关系 >

谈到基因与疾病防治之间的关系，首先要了解基因的概念。基因是生命信息的基本因子，控制生物遗传性状的基本因素。基因是决定一个生物物种所有生命现象的最基本因子。

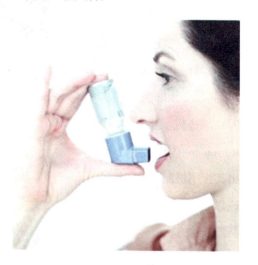

基因不仅可以通过复制把遗传信息传递给下一代，还可以使遗传信息得到表达。不同人种之间头发、肤色、眼睛、鼻子等的不同，主要由基因差异所致。

现代医学研究证明，人类疾病都直接或间接地与基因有关。根据基因概念，人类疾病可分为三大类。

第一类为单基因病。这类疾病已发现6 000余种，其主要病因是某一特定基因的结构发生改变，如多指症、白化病、早衰症等。

第二类为多基因病。这类疾病的发生涉及两个以上基因的结构或表达调控的改变，如高血压、冠心病、糖尿病、哮喘病、骨质疏松症、神经性疾病、原发性癫痫、肿瘤等。

第三类为获得性基因病。这类疾病由病原微生物通过感染将其基因入侵到宿主基因引起。现代科学已证明：基因健康，细胞活泼，则人体健康；基因受损，细胞变异，则人患疾病。

由此可见，人类基因组蕴涵有人类生、老、病、死的绝大多数遗传信息，破译它将为疾病的诊断、新药物的研制和新疗法的探索带来一场革命。2000年6月26日，英国和美国几乎同时向全世界宣布他们已经完成了具有时代意义的基因组草图绘制工程。基因草图的绘制将为疾病的预防、诊断和治疗带来前所未有的转变，对可能患某种疾病的病人发出预告。

我们可以大胆地预测，在新的世纪中，基因将为医学发展提供广阔的前景。改变现有医生的看病模式。科学家们将解开人体基因组的全部密码，许多人会拥有记载着个人、生理和疾病奥秘的基因组图，医生会根据芯片上的遗传信息，做出综合评估和给出处理意见。

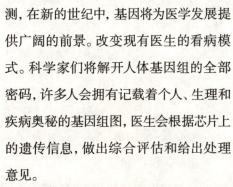

基因研究还带来了诊断技术的更新。使用目前常用的临床诊断技术，诊断

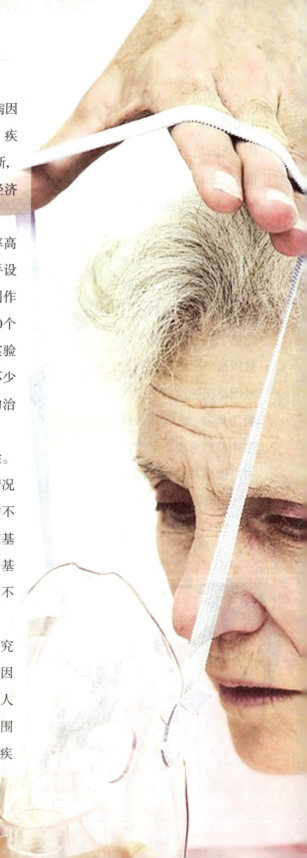

一经确定，疾病已经发生。由于病因性基因异常在发病前即已存在，疾病发病前，甚至在胚胎期做出诊断，免除了人们疾病带来的痛苦和经济负担。

对于癌症、糖尿病等发病率高和死亡率高的疾病，从基因入手设计的治疗方案，可以达到无毒副作用的效果。目前国际上已有近400个基因治疗方案处于研究或临床实验阶段，预计在21世纪的后半叶，不少基因治疗方法将直接用于疾病的治疗。

基因技术将使药物更有个性。药理研究者可以按照你个人的情况配制药物，使你不会再出现药物不良反应，使药物治疗更为高效。在基因治疗中还可使用基因技术，将基因导入到进行分裂的干细胞中，不必用药疾病就可治愈。

最近我国已经启动的基础研究中心长期计划，将人类"疾病基因组学"理论和技术的创立，作为人口与健康领域的优先启动课题，围绕我国高发和有研究特色的若干疾

病，如神经系统单基因遗传病、肿瘤（肝癌、鼻咽癌、白血病），多基因病（高血压、糖尿病、精神疾病）等展开研究，会使人们了解更多的基因方面的情况，为防治这些疾病提供更多有价值的信息。

有专家指出，随着筛检技术、基因改造和修护基因缺陷的进展，将使得医学可以消除一些致命的遗传性疾病，有可能使得人类能够决定自己的进化过程，从而建立一个"更健康"的物种。

● DNA发现者——沃森和克里克的故事

沃森(1928—)在中学时代是一个极其聪明的孩子，15岁时便进入芝加哥大学学习。当时，由于一个允许较早入学的实验性教育计划，使沃森有机会从各

正规的训练，但自从阅读了薛定谔的《生命是什么？——活细胞的物理面貌》一书，促使他去"发现基因的秘密"。他善于集思广益，博取众长，善于用他人的思想来充实自己。只要有便利的条件，不必强迫自己学习整个新领域，也能得到所需要的知识。沃森22岁取得博士学位，然后被送往欧洲攻读博士后研究员。为了完全搞清楚一个病毒基因的化学结构，他到丹麦哥本哈根实验室学习化学。有一次他与导师一起到意大利那不勒斯参加一次生物大分子会议，有机会聆听英国物理生物学家威尔金斯(1916—2004)的演讲，看到了威尔金斯的DNA分子的X

个方面完整地攻读生物科学课程。在大学期间，沃森在遗传学方面虽然很少有

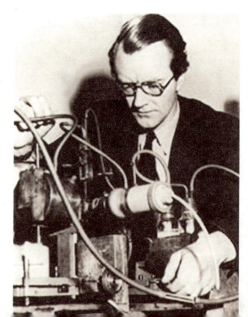

射线衍射照片。从此，寻找解开DNA结构的钥匙的念头在沃森的头脑中盘旋。什么地方可以学习分析X射线衍射图呢？于是他又到英国剑桥大学卡文迪许实验室学习，在此期间沃森认识了克里克。

克里克（1916—2004）上中学时对科学充满热情，1937年毕业于伦敦大学。1946年，他阅读了《生命是什么？——活细胞的物理面貌》一书，决心把物理学知识用于生物学的研究，从此对生物学产生了兴趣。1947年他重新开始了研究生的学习，1949年他同佩鲁兹一起使用X射线技术研究蛋白质分子结构，于是在此与沃森相遇了。当时克里克比沃森大12岁，还没有取得博士学位。他们谈得很投机，沃森感到在这里居然能找到一位懂得DNA比蛋白质更重要的人真是三生有幸。同时沃森感到在他所接触的人当中，克里克是最聪明的一个。他们每天交谈至少几个小时，讨论学术问题。两个人互相补充，互相批评以及相互激发出对方的灵感。他们认为解决DNA分子结构是打开遗传之谜的关键。只有借助于精确的X射线衍射资料，才能更快地弄清DNA的结构。为了得到DNA分子的X射线衍射资料，克里克请威尔金斯到剑桥来度周末。在交谈中威尔金斯接受了DNA

结构是螺旋型的观点，还谈到他的合作者富兰克林（1920—1958，女）以及实验室的科学家们，也在苦苦思索着DNA结构模型的问题。从1951年11月至1953年4月的18个月中，沃森、克里克同威尔金斯、富兰克林之间有过几次重要的学术

交往。

1951年11月，沃森听了富兰克林关于DNA结构的较详细的报告后，深受启发，具有一定晶体结构分析知识的沃森和克里克认识到，要想很快建立 DNA结构模型，只能利用别人的分析数据。他们很快就提出了一个三股螺旋的DNA结构的设

想。1951年底，他们请威尔金斯和富兰克林来讨论这个模型时，富兰克林指出他们把DNA的含水量少算了一半，于是第一次设立的模型宣告失败。

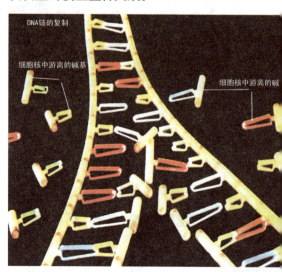

DNA链的复制

细胞核中游离的碱基

细胞核中游离的碱

有一天，沃森又到国王学院威尔金斯实验室，威尔金斯拿出一张富兰克林最近拍制的"B型"DNA的X射线衍射的照片。沃森一看照片，立刻兴奋起来、心跳也加快了，因为这种图像比以前得到的"A型"简单得多，只要稍稍看一下"B型"的X射线衍射照片，再经简单计算，就能确定DNA分子内多核苷酸链的数目了。

克里克请数学家帮助计算，结果表明嘌呤有吸引嘧啶的趋势。他们根据这一结果查加夫得到的核酸的两个嘌呤和

两个嘧啶两两相等的结果，形成了碱基配对的概念。

他们苦苦地思索4种碱基的排列顺序，一次又一次地在纸上画碱基结构式，摆弄模型，一次次地提出假设，又一次次地推翻自己的假设。

有一次，沃森又在按照自己的设想摆弄模型，他把碱基移来移去寻找各种配对的可能性。突然，他发现由两个氢键连接的腺嘌呤—胸腺嘧啶对竟然和由3个氢键连接的鸟嘌呤—胞嘧啶对有着相同的形状，于是精神为之大振。因为嘌呤的数目为什么和嘧啶数目完全相同这个谜就要被解开了。查加夫的结论也就一下子成了 DNA双螺旋结构的必然结果。因此，一条链如何作为模板合成另一条互补碱基顺序的链也就不难想象了。那么，两条链的骨架一定是方向相反的。

经过沃森和克里克紧张连续的工作，很快就完成了DNA金属模型的组装。从这模型中看到，DNA由两条核苷酸链组成，它们沿着中心轴以相

反方向缠绕在一起，很像一座螺旋形的楼梯，两侧扶手是两条多核苷酸链的糖—磷基因交替结合的骨架，而踏板就是碱基对。由于缺乏准确的X射线资料，他们还不敢断定模型是完全正确的。

下一步的科学方法就是把根据这个模型预测出的衍射图与X射线的实验数据作一番认真的比较。他们又一次打电话请来了威尔金斯。不到两天工夫，威尔金斯和富兰克林就用X射线数据分析证实了双螺旋结构模型是正确的，并写了两篇实验报告同时发表在英国《自然》杂志上。1962年，沃森、克里克和威尔金斯获得了诺贝尔医学或生理学奖，而富兰克林因患癌症于1958年病逝而未被授予该奖。

不一样的DNA艺术

德国艺术设计师丹尼尔·贝克尔发明了一种简单明了的方法，将各种动植物的基因数据"可视化"，用鲜艳的色彩和图案表现出来。这种特殊的艺术品一经推出便受到了极大的欢迎。

丹尼尔·贝克尔来自法兰克福，毕业于德国美因兹亚琛应用技术大学，是一名美术设计师。他说，将基因数据变成图画并不像常人想象的那么复杂。"只要选定了色彩和图案，DNA就变成了艺术品。结果是，每一个不同的动物、植物都有不一样DNA艺术。"

"动植物的DNA都是由G、A、T、C四种碱基组成的。所以我就想，为什么不能把这些图像转化成图案和色彩呢？然后，我就找到了美国国立生物技术信息中心的网站，那里有上百种基因排列的数据库，全部都是由科学家、教授和学生完成。"

"虽然组成基因的碱基只有4种。但是在裸眼条件下，我们很难看出人类和鲨鱼的基因图有什么不同，因为信息太复杂了。所以我就想找到一个图像学的方法，来表示这些无数的G、A、T、C。"结果，就有了DNA艺术图像。

现在，这些DNA艺术品在全世界都很受欢迎。图像的制成成本只有5欧元。丹尼尔将这些DNA艺术品做成PDF格式，提供给喜欢这些图案的消费者。丹尼尔说，"人们都偏爱自己喜欢的动植物的DNA艺术图像，打印出来，装饰住宅和办公室。年轻人喜欢危险的动物，在年轻男性中，白鲨鱼图像很受欢迎，女性则喜欢老鼠、大象和考拉。一般来说，越是奇怪的图像，比如说野菇的图像就很受欢迎。"

丹尼尔还说，希望在未来的几年，人类可以尝试将自己的DNA图像做成艺术品。"在刚开始的时候，人们会觉得将一个别致的图案印在自己的衣服、杯子上是个性的体现。最终，人们会发现这是一种理念——数据图像化。"

图书在版编目（CIP）数据

DNA指令 / 程石编著. -- 北京：现代出版社，2014.1

ISBN 978-7-5143-2116-6

Ⅰ.①D… Ⅱ.①程… Ⅲ.①脱氧核糖核酸－青年读物②脱氧核糖核酸－少年读物 Ⅳ.①Q523-49

中国版本图书馆CIP数据核字(2014)第006663号

DNA指令

作　　者	程　石	
责任编辑	王敬一	
出版发行	现代出版社	
地　　址	北京市安定门外安华里504号	
邮政编码	100011	
电　　话	(010) 64267325	
传　　真	(010) 64245264	
电子邮箱	xiandai@cnpitc.com.cn	
网　　址	www.modernpress.com.cn	
印　　刷	汇昌印刷（天津）有限公司	
开　　本	710×1000　1/16	
印　　张	8	
版　　次	2014年1月第1版　2021年3月第3次印刷	
书　　号	ISBN 978-7-5143-2116-6	
定　　价	29.80元	